应用型人才培养教材

建筑工程识图与绘制实训

蔡小玲　王云菲　孟亮　主编

JIANZHU GONGCHENG SHITU
YU HUIZHI SHIXUN

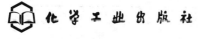

化学工业出版社

·北京·

内 容 简 介

本实训教材是《建筑工程识图与绘制》（李继明等主编）的配套教材，在编写过程中以职业能力渐进提升为出发点，结合国家相关制图标准、行业标准、建筑设计规范等进行编写。主要内容包括建筑制图基础、建筑施工图识读、建筑施工图绘制三大实训模块，共计七个教学单元。为强化学生对知识的理解及学生后续发展的需要，结合职业技能竞赛与"1+X"工程识图项目，书中增设了思考题、填空题和选择题，引入真实的工程设计图纸和工程案例，可使职业技能逐渐提升，不断提高工程实践及创新能力。

本实训教材以校企双元合作开发为基础，在编写过程中得到广州中望龙腾软件股份有限公司的大力支持，本书可作为高等职业院校和应用型本科土建类各专业的教学用书，也可作为学科竞赛以及"1+X"工程识图项目的指导用书。

图书在版编目（CIP）数据

建筑工程识图与绘制实训/蔡小玲，王云菲，孟亮主编. —北京：化学工业出版社，2022.8
ISBN 978-7-122-41310-9

Ⅰ.①建⋯ Ⅱ.①蔡⋯ ②王⋯ ③孟⋯ Ⅲ.①建筑制图-识图 Ⅳ.①TU204.21

中国版本图书馆 CIP 数据核字（2022）第 071964 号

责任编辑：李仙华　　　　　　　　　　　　装帧设计：史利平
责任校对：田睿涵

出版发行：化学工业出版社（北京市东城区青年湖南街 13 号　邮政编码 100011）
印　　装：大厂聚鑫印刷有限责任公司
787mm×1092mm　1/16　印张 5¾　字数 137 千字　2022 年 8 月北京第 1 版第 1 次印刷

购书咨询：010-64518888　　　　　　　　售后服务：010-64518899
网　　址：http://www.cip.com.cn
凡购买本书，如有缺损质量问题，本社销售中心负责调换。

定　　价：22.00 元　　　　　　　　　　　　　　　　　　　版权所有　违者必究

编审人员名单

蔡小玲　王云菲　孟　亮　主　编

陈一虹　谢文惠　潘娅红　副主编

曹飞颖　郑慧慧　王怀英　陈　飞　参　编

李继明　胡媛媛　主　审

前言

本书根据土木建筑大类专业的教学改革需要，依据教育部职业教育与成人教育司编写的《高等职业学校专业教学标准》（试行），结合最新的《建筑制图标准》（GB/T 50104—2010）编写而成。

本书在编写过程中基于土木建筑大类专业岗位群需要完成的典型工作任务而编写，注重培养学生职业技能。内容包括三大实训模块：建筑制图基础实训、建筑施工图识读实训及建筑施工图绘制实训。通过建筑制图基础模块的训练，重点理解投影的基本原理及制图标准，培养学生逻辑思维能力、空间想象能力和基本的绘图规范；通过建筑施工图识读模块的训练，着重培养学生对工程图纸的识图与理解，提高学生工程素养；通过建筑施工图绘制模块的训练，主要培养学生计算机绘图能力和初步的施工图设计能力。本书编写过程中与"1+X"工程识图项目紧密结合，不断提高学生工程实际项目的绘图能力及"1+X"工程识图项目考证成绩。

本书在内容编排上遵循"由浅入深、由点到面"的原则，为强化学生对知识的理解及学生后续发展的需要，引入真实的工程设计图纸和工程案例。为方便教师教学和批改作业及学生实时实地学习需要，本实训装订采用手撕活页。

本书的主体教材《建筑工程识图与绘制》（李继明等主编），将课程资源和教学视频有机地进行融合，解决了学生自学存在困惑的问题，易于对知识点的理解和掌握，已在中国大学MOOC平台上进行开课，搜索主编学校"建筑工程识图与绘制"课程），学生可以在学完主体课程后，完成本书的实训内容，以达到最佳学习效果。

本书由无锡城市职业技术学院蔡小玲、王云菲、孟亮担任主编；无锡城市职业技术学院陈一虹、谢文惠，台州职业技术学院潘娅红担任副主编；杭州萧山技师学院曹飞颖、广州中望龙腾软件股份有限公司郑慧慧、吉林工程职业学院王怀英、杭州市城建设计研究院有限公司陈飞参与编写。全书由无锡城市职业技术学院李继明教授、胡媛媛副教授进行统稿和校对审核。

本书在编写过程中参考了近几年出版的相关书籍，得到了广州中望龙腾软件股份有限公司的大力支持，在此向他们表示衷心的感谢！

由于编者水平和经验有限，书中定有不足之处，恳请广大读者批评指正，以便修改和提高。

编　者

2022年04月

目录

CONTENTS

◆◆ **模块一　建筑制图基础**　　　　　　　　　　　1

　　教学单元一　投影的基本知识　　　　　　　　2
　　教学单元二　形体的投影图　　　　　　　　　4
　　　　任务1　点的投影　　　　　　　　　　　4
　　　　任务2　直线的投影　　　　　　　　　　5
　　　　任务3　平面的投影　　　　　　　　　　6
　　　　任务4　基本体的投影　　　　　　　　　8
　　　　任务5　组合体的投影　　　　　　　　　15
　　教学单元三　剖面图与断面图　　　　　　　　20
　　　　任务1　建筑形体的视图　　　　　　　　20
　　　　任务2　剖面图　　　　　　　　　　　　21
　　　　任务3　断面图　　　　　　　　　　　　24
　　教学单元四　制图的基本知识　　　　　　　　27

◆◆ **模块二　建筑施工图识读**　　　　　　　　　　31

　　教学单元五　建筑施工图　　　　　　　　　　32

◆◆ **模块三　建筑施工图绘制**　　　　　　　　　　64

　　教学单元六　AutoCAD绘图的基础命令　　　　65
　　　　任务1　AutoCAD界面与图形管理　　　　65
　　　　任务2　绘图基础　　　　　　　　　　　65
　　　　任务3　绘图环境设置　　　　　　　　　66
　　　　任务4　图形绘制与编辑　　　　　　　　67
　　　　任务5　文字及尺寸标注　　　　　　　　71
　　　　任务6　图形输出　　　　　　　　　　　71
　　教学单元七　建筑施工图AutoCAD绘制　　　　74
　　　　任务1　建筑平面图AutoCAD绘制　　　　74
　　　　任务2　建筑立面图AutoCAD绘制　　　　74
　　　　任务3　建筑剖面图AutoCAD绘制　　　　75
　　　　任务4　楼梯详图AutoCAD绘制　　　　　75

《建筑工程识图与绘制》综合模拟题（一）　　　76
《建筑工程识图与绘制》综合模拟题（二）　　　81
参考文献　　　　　　　　　　　　　　　　　　85

模块一
建筑制图基础

知识目标

1. 掌握投影的概念及投影法的分类。
2. 掌握平行投影的基本特征。
3. 理解正投影图的形成及特征。
4. 掌握点、线、面、体三面投影图的投影规律及正确绘制。
5. 了解形体的基本视图类型。
6. 熟悉镜像投影法的基本原理。
7. 掌握剖面图、断面图的绘制方法及适用条件。
8. 了解常见形体的简化画法。
9. 熟悉制图工具及其使用方法。
10. 了解制图的基本标准。
11. 掌握徒手绘图的基本步骤和方法。

能力目标

1. 学会形体三面投影图的正确绘制。
2. 能够根据形体的三面投影图判断空间形体的基本形状。
3. 能够根据形体的投影规律解决实际问题。
4. 学会在立体表面进行定点。
5. 学会立体被平面切割的截交线的求法。
6. 能够熟练绘制剖面图和断面图。
7. 能够正确绘制常见形体的简化画法。
8. 学会工程图形的正确绘制。

教学单元一 投影的基本知识

◆ 一、思考题

1. 日常生活中，产生影子的原因是什么？

2. 举例说明生活中碰到的中心投影有哪些？中心投影在工程中很少采用的原因是什么？

3. 平行正投影的投影特征有哪些？

4. 什么是平行投影的显实性？

5. 平行投影的类似性是什么？

6. 什么情况下，直线投影的长度与直线本身的长度相等？

7. 形体的上下、左右之间的位置关系是由形体的哪个投影面确定的？

8. 形体在哪个投影面上的投影可以确定形体的宽度和高度？

◆ 二、填空题

1. 投影分为中心投影和_____投影，平行投影又分为_____投影和_____投影。

2. 平行于 H 投影面的平面，在 H 面上的投影反映_____。

3. 若空间两条直线相互平行，则该两条直线在同一投影面上的投影_____。

4. 垂直于 W 投影面的直线，在 W 面上的投影为一个_____。

5. 形体在三个投影面上的投影分别为水平投影、_____投影和_____投影。

6. 平行投影的投影特征分别为平行性、_____性、_____性和积聚性。

7. 形体的三面投影图中，"三等关系"是指_____、_____和_____。

8. 与投影面垂直的平面，在该投影面上的投影表现为_____，该投影特征为平行投影的_____性。

9. 投影形成的三要素是_____、_____和形体。

◆ 三、技能训练

1. 如图 1-1 所示，根据形体的直观图及两面投影图，补全形体的侧面投影。

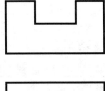

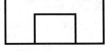

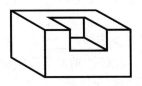

图 1-1

2. 如图 1-2 所示，根据形体的直观图，绘出形体的三面投影图。

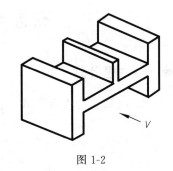

图 1-2

3. 以某一教室为例，测量教室门洞口的大小，并绘制该门洞口三面投影图。

教学单元二 形体的投影图

任务 1 点的投影

◆ 一、思考题

1. 已知点的两面投影，求取点第三面投影的方法是什么？

2. 如何根据投影图判断两点的相对位置关系？

3. 什么是重影点？如何判断重影点的可见性？

4. 空间点的 X 坐标越大，说明点越靠近哪一方？

◆ 二、填空题

1. 点的正面投影与侧面投影的连线垂直于_____投影轴。

2. 点的水平投影到 OX 轴的距离恒等于空间点到_____投影面距离。

3. 已知空间点 $A(3,7,6)$ 和点 $B(5,9,8)$，则点 A 位于点 B 的_____方。

4. 已知点 $A(5,6,7)$ 和点 $B(8,6,7)$，则可以判断点 A 和点 B 是一对_____重影点。

5. 空间点的水平面投影是由点_____坐标和_____坐标所确定。

6. 空间两点的侧面投影反映两点的_____、_____之间的位置关系。

7. 位于 OZ 投影轴上的点，其水平投影位于_____上。

8. A 点到 H 面的距离恒等于点 A 的_____投影到_____投影轴的距离以及_____投影到_____投影轴的距离。

9. 若点 A 位于点 B 的左、后、下方，则 A 点的 x 坐标_____B 点的 x 坐标，A 点的 y 坐标_____B 点的 y 坐标，A 点的 z 坐标_____B 点的 z 坐标。

10. 若点 A 的水平投影 a 和正面投影 a' 均位于 OX 投影轴上，则 A 点的侧面投影 a'' 位于_____上。

◆ 三、技能训练

1. 如图 2-1 所示，已知点 A 的三面投影，点 B 位于点 A 的左方 5mm、前方 10mm、下方 5mm，求点 B 的三面投影。

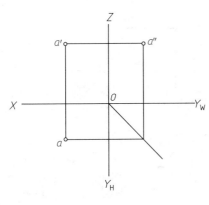

图 2-1

2. 如图 2-2 所示，根据点 A 和点 B 的两面投影图，判断点 A 位于点 B _____ 方。

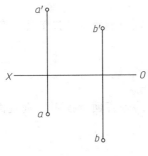

图 2-2

任务 2 直线的投影

◆ 一、思考题

1. 什么是一般位置的直线，其投影特征有哪些？

2. 什么是投影面的平行线，该直线在平行投影面的投影具有什么性？

3. 什么是投影面的垂直线，其投影特征有哪些？

4. 举例说明教室内黑板的边框线对于 H 面而言，是什么线？

◆ 二、填空题

1. 水平线在 H 面上的投影具有_____性，在 V 面上的投影表现为_____。

2. 空间直线在三个投影面上的投影均小于直线的实际长度，则可以判断该直线为_____直线。

3. 空间直线在 H 面和 V 面上的投影均与 OX 轴相互平行，则该直线为_____直线。

4. 在 W 面上反映实长，在其他两个投影面上的投影小于空间直线的实际长度，则该直线为_____。

5. 如图 2-3 所示，根据直线 AB 的两面投影图，可以判断直线 AB 为一条_____线。

6. 铅垂线是指空间直线与_____投影面相互垂直，与其他两个投影面相互_____的直线。

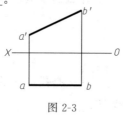

图 2-3

◆ 三、技能训练

1. 补绘图 2-4 中直线 AB 的 W 面投影，并判断直线 AB 为_____线。

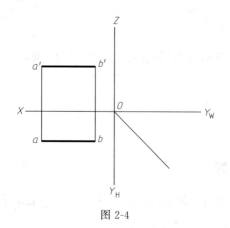

图 2-4

2. 如图 2-5 所示，若直线 AB 为一条水平线，且与 V 面的倾角 $\beta=30°$，点 B 位于点 A 的前方，完成直线 AB 在 H、W 面上的投影。

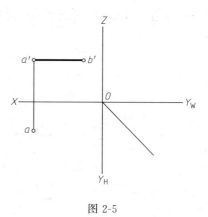

图 2-5

任务 3　平面的投影

◆ 一、思考题

1. 什么是一般位置的平面，其投影特征有哪些？

2. 什么是投影面的垂直面，投影面垂直面在平行投影面上的投影具有什么性？

3. 一般位置的平面，在投影面上的投影仅仅为其缩小的类似形状，为什么？

4. 举例说明宿舍内的床面对于地面而言，是投影面的什么面？

◆ 二、填空题

1. 水平面在 H 面上的投影反映_____，在其他两个投影面上的投影表现为_____。
2. 若平面在 H 投影面上的投影积聚为一条与投影轴倾斜的直线，则可以判断该平面为_____面。
3. 若点位于平面内的一条直线上，则点_____平面内。
4. 平面内的直线一定经过平面内的_____个点。
5. 如图 2-6 所示，根据平面 ABC 的两面投影图可知，平面 ABC 为_____面。
6. 若空间平面的三面投影均为平面形状，则该平面为_____平面。
7. 正垂面的正面投影与 OX 轴的夹角反映平面与_____投影面的倾角。

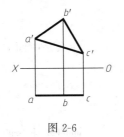

图 2-6

◆ 三、技能训练

1. 如图 2-7 所示，根据平面的两面投影，判断下列各个图示平面分别为什么面。

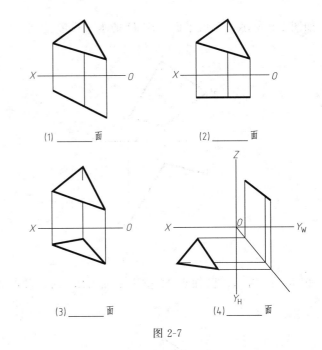

(1) _____ 面　　(2) _____ 面

(3) _____ 面　　(4) _____ 面

图 2-7

2. 如图 2-8 所示，已知铅垂面 ABC 与 V 面的倾角为 β，$\beta = 30°$，且点 C 位于点 B 的前方，完成平面 ABC 的水平投影。

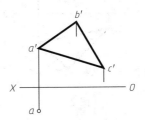

图 2-8

3. 如图 2-9 所示，完成平面 ABCD 的水平投影。

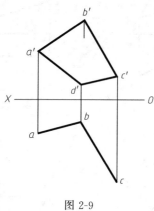

图 2-9

4. 如图 2-10 所示，已知点 M 位于平面 ABC 内，求点 M 的水平投影。

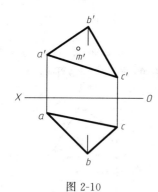

图 2-10

5. 如图 2-11 所示，已知直线 MN 位于平面 ABC 内，完成直线 MN 的水平投影。

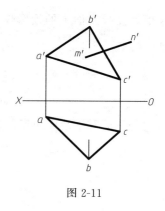

图 2-11

任务 4　基本体的投影

◆ 一、思考题

1. 什么是平面立体，举例说明常见的平面立体有哪些？

2. 什么是曲面立体，常见的曲面立体有哪些？

3. 曲面立体表面进行定点，常常采用的方法有哪些？

4. 圆柱面是怎样形成的？

5. 举例说明学校图书馆是什么形式的立体？

◆ 二、填空题

1. 棱柱是由上、下底面和若干个_____面围合而形成的。
2. 棱锥的各侧棱面相交于一点，称为_____。
3. 圆柱面上任一条与轴线平行的母线称为_____。
4. 直立圆锥的正面投影为一个矩形，矩形上、下两个边框分别为圆柱_____面的投影，左、右两个边框为圆柱的最左和最右两条_____线。
5. 圆锥面是与轴线相交的_____绕着轴线旋转而形成的。
6. 圆锥的表面既存在着与底面平行的_____，又存在着与轴线相交于一点的_____线。
7. 在圆锥表面进行定点往往采用_____法和_____法；在球体表面进行定点则采用_____法。
8. 球面上一点，其三面投影均可见，说明该点位于球体表面的_____位置上。

◆ 三、技能训练

1. 如图 2-12 所示，已知正三棱锥底面 △ABC 的边长为 25mm，高度为 30mm，且后侧棱面 SAC 垂直于 W 面，完成该三棱锥的三面投影图。

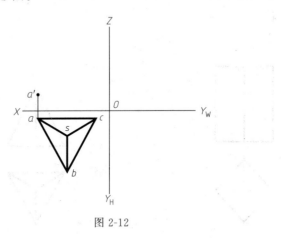

图 2-12

2. 如图 2-13 所示，已知直立三棱柱的水平投影，三棱柱的高度为 20mm，三棱柱的下底面至 H 面的距离为 5mm，完成该三棱柱的 V、W 面的投影。

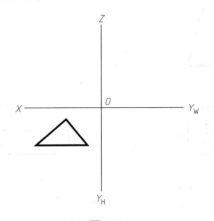

图 2-13

3. 如图 2-14 所示，根据形体的两面投影图，补绘形体的第三面投影。

（1）

（2）

4. 如图 2-15 所示，根据已知条件，完成形体表面上点Ⅰ和点Ⅱ在的三面投影。

（1）

（3）

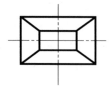

（4）

（2）

图 2-14

图 2-15

5. 如图 2-16 所示，已知圆柱的水平投影，圆柱的高度为 25mm，圆柱的下底面距离 H 面的距离为 6mm，完成圆柱的三面投影图。

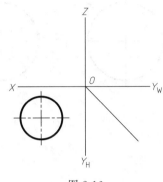

图 2-16

6. 如图 2-17 所示，已知圆锥的正面投影，圆锥锥顶距离 V 面的距离为 20mm，完成圆锥的三面投影图。

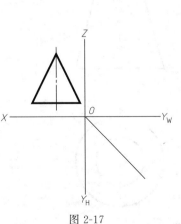

图 2-17

7. 如图 2-18 所示，根据形体的两面投影图，完成形体的第三面投影。

（1）

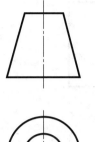

（2）

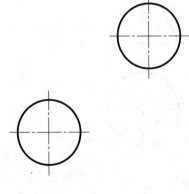

图 2-18

8. 如图 2-19 所示,已知曲面立体的两面投影,完成立体以及立体表面上的点的三面投影图。

(1)

(3)

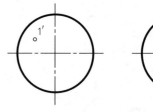

(2)

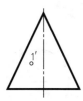

(4)

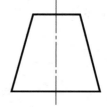

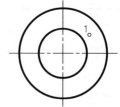

图 2-19

9. 如图 2-20 所示，根据已知条件，完成形体被切割后的三面投影图。

（1）

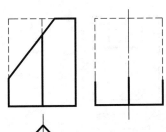

（3）

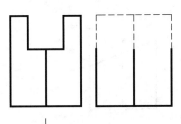

（2）

（4）

图 2-20

10. 如图 2-21 所示，根据已知条件，完成形体被切割后的三面投影图。

（1）

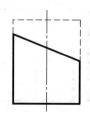

（2）

（3）

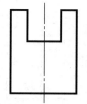

（4）

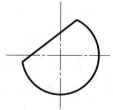 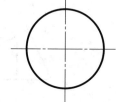

图 2-21

任务 5 组合体的投影

◆ 一、思考题

1. 组合体的画法有哪些？组合体的画图步骤有哪些？

2. 组合体的组合方式有哪些？

3. 什么是形体分析法？

4. 读组合体的方法有哪些？

◆ 二、填空题

1. 组合体的组合方式有叠加式、_____、_____。
2. 将组合体的六个基本投影图展开后进行位置的排列，可以看出基本投影图仍然遵守"_____"的规律。
3. 将一个复杂的建筑形体分解为若干个基本形体，且分析它们的相对位置、表面关系以及组成特点的方法，叫做_____。
4. 运用线、面的投影规律，分析视图中图线和线框所代表的意义和相互位置，从而看懂视图的方法，称为_____。
5. 工程中把表达组合体的投影图称为视图，通常把视图分为_____和_____。
6. 绘制组合体时，将形体的某一局部结构形状向基本投影面作正投影，所得到的投影图称为_____。
7. 组合体的水平投影图、正立投影图和侧立投影图，在工程中分别称作_____、_____和侧立面图。

◆ 三、技能训练

1. 如图 2-22～图 2-26 所示，作出这些组合体的三面投影图（尺寸从图中直接量取）。

（1）

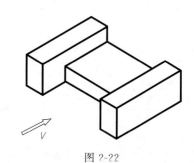

图 2-22

(2)　　　　　　　　　　　　　　　　　　　　　（3）

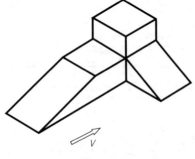

图 2-23

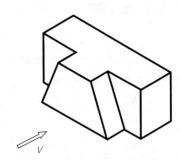

图 2-24

(4) (5)

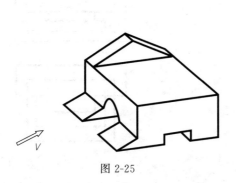

图 2-25

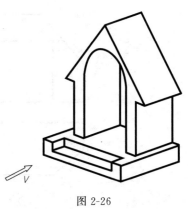

图 2-26

2. 如图 2-27、图 2-28 所示，补全水平投影和侧面投影中所缺的线。

(1)

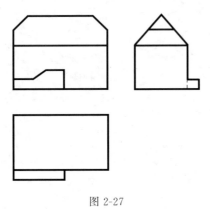

图 2-27

(2)

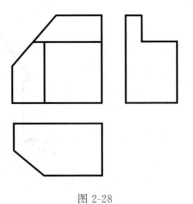

图 2-28

3. 如图 2-29、图 2-30 所示，补全正面投影和水平投影中所缺的线。

(1)

图 2-29

(2)

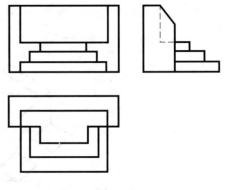

图 2-30

4. 如图 2-31～图 2-34 所示，根据组合体的两面视图，求作第三视图。

(1)

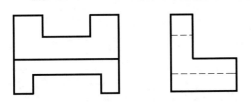

图 2-31

(3)

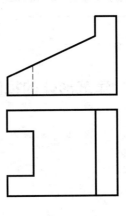

图 2-33

(2)

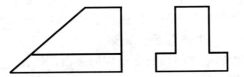

图 2-32

(4)

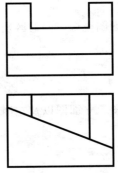

图 2-34

教学单元三　剖面图与断面图

任务1　建筑形体的视图

◆ 一、思考题

1. 什么是镜像投影？

2. 镜像投影在室内设计中常常用来表示什么的平面布置？

3. 形体的平面图与平面图镜像之间的区别是什么？

4. 建筑制图中，平面图、立面图以及左侧视图是怎样形成的？

◆ 二、填空题

1. 将物体置于六面体中间，分别在投影面上获得的正投影，称为＿＿＿＿＿＿视图。

2. 形体的六个基本视图除了正立面图、平面图、左侧立面图外，还增加了＿＿＿＿＿＿、＿＿＿＿＿＿和＿＿＿＿＿＿。

3. ＿＿＿＿＿＿投影图在室内设计中常常用来表示吊顶平面布置。

4. 六个基本视图必须满足＿＿＿＿＿、＿＿＿＿＿、＿＿＿＿＿、的投影规律。

5. 当形体的基本视图按任意顺序排列时，须在每个投影下面标注＿＿＿＿＿＿并在其下绘制横线。

6. 镜像投影是将镜面放在形体的下面，代替＿＿＿＿＿＿投影面，由物体在＿＿＿＿＿＿中的反射图形成的正投影。

◆ 三、技能训练

1. 如图 3-1 所示，绘制形体的 6 个基本视图，并按投影关系进行配置。

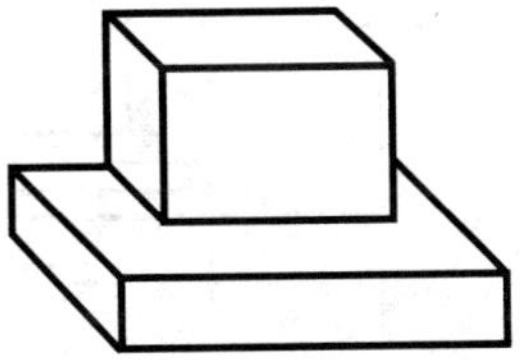

2. 画出如图 3-2 所示形体的平面图和平面图镜像。

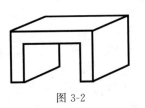

图 3-1

图 3-2

任务 2 剖面图

◆ 一、思考题

1. 什么是剖面图？

2. 剖切符号主要由哪几部分组成？

3. 常见的剖面图有哪些？

4. 什么是全剖面图，什么是半剖面图，他们之间的区别是什么？

5. 旋转剖面图的图名后应加注什么字样？

◆ 二、填空题

1. 剖切位置线用粗实线来表示，其长度一般为_____mm。剖视方向线一般与剖切位置线相互垂直，其长度一般为_____mm，用_____线进行绘制。

2. 用两个或者两个以上的平行剖切平面剖切物体所得到的剖面图为_____剖面图，阶梯剖面图属于_____剖面图。

3. 当形体左右或者前后对称时，往往采用_____剖面图进行绘制。

4. 剖面图中，被剖切平面切到部分的轮廓线用_____线来绘制，未被切到，看得见的部分用_____线绘制。

5. 剖面图的_____要用与剖切符号相同的_____进行命名，并注写在剖面图的下方。

6. 要表达形体局部的内部构造时，用剖面进行_____剖切，所得到的剖面图为_____剖面图。

◆ 三、技能训练

1. 如图 3-3 所示，根据已知条件，完成 2—2 剖面图。
备注：雨篷的宽度为 1200mm。

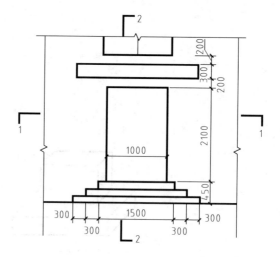

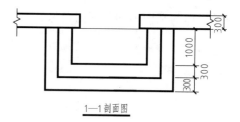

1—1 剖面图

图 3-3

2. 如图 3-4 所示，根据已知条件，完成 1—1 剖面图。

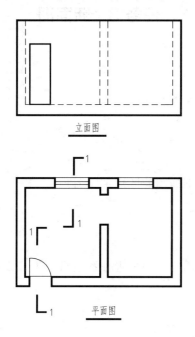

3. 如图 3-5 所示，根据已知条件，完成形体的 2—2 半剖面图。

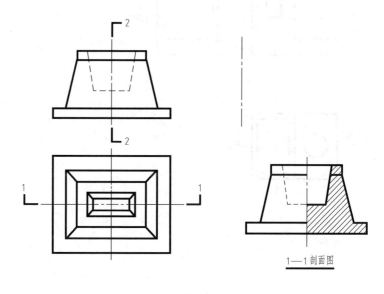

图 3-5

4. 如图 3-6 所示，根据已知条件，完成形体指定位置的剖面图。

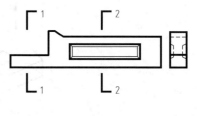

图 3-4

图 3-6

5. 如图 3-7 所示，根据已知条件，完成形体的 1—1、2—2 剖面图。

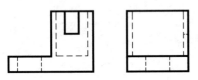

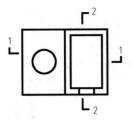

任务 3　断面图

◆ **一、思考题**

1. 什么是断面图？

2. 断面图与剖面图的区别是什么？

3. 根据断面图与视图位置关系不同，断面图分为哪几种？

4. 什么是移出断面图？

5. 断面图的投影方向如何确定？

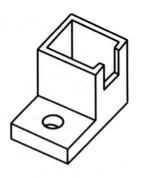

图 3-7

◆ 二、填空题

1. 断面图的剖切符号绘制在投影的外侧，用_____线绘制，其长度为_____mm。

2. 断面图的线型和图例一般和_____图的绘制完全相同。

3. 断面图是形体切开后所得_____图形的投影，断面图是_____图的一部分。

4. 绘制在投影图之外的断面图为_____断面图。

5. 与原投影图采用相同的比例，绘制在轮廓线之内的断面图为_____断面图，该断面图一般不加任何_____。

6. 将断面图绘制在视图轮廓线中断处的断面图为_____断面图。

7. 对称符号一般由_____和两端的_____组成。

8. 为了提高绘图效率，《房屋建筑制图统一标准》规定了一些将投影图简化的处理方法，称为_____画法。

◆ 三、技能训练

1. 如图 3-8 所示，根据已知条件，绘制 1—1 断面图。

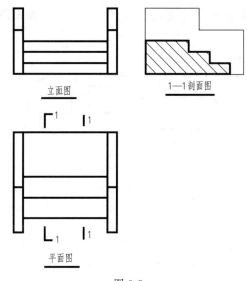

图 3-8

2. 如图 3-9 所示，根据条件，完成 1—1、2—2 断面图。

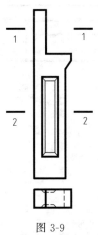

图 3-9

3. 如图 3-10 所示，完成 1—1、2—2、3—3 断面图。

（1）

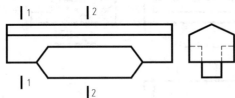

（2）

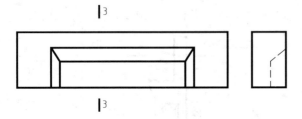

4. 如图 3-11 所示，完成 1—1 剖面图和 2—2、3—3 断面图。

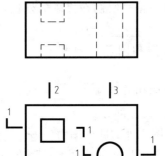

图 3-10

图 3-11

教学单元四　制图的基本知识

◆ 一、思考题

1. 常用的绘图工具有哪些？

2. 工程图样中，图线规格有哪几种？各自用于绘制工程图的哪个部分？

3. 怎么选择图纸的绘图比例？

4. 图纸的幅面有哪几种？建筑图纸常用的幅面是什么？

◆ 二、填空题

1. _____是指图纸幅面的大小。

2. 图纸的图框格式有_____和立式两种。

3. 为了使图样主次分明、形象清晰，建筑制图中按线宽度不同分为粗、_____、_____、_____四种。

4. 比例是指_____与实物相对应的线性尺寸之比，比例宜注写在图名的_____位置，其字号比图名的字号小一号或二号。

5. 尺寸标注包括以下四个要素：_____、_____、_____和尺寸数字。

6. 尺寸标注排列时，小尺寸应离轮廓线较_____，大尺寸应离轮廓线较_____。

7. 尺寸起止符号要用中实线画，长约 2~3mm，倾斜方向应与尺寸界线顺时针方向成_____角。

8. 标注半圆的尺寸时要注写半径，半径数字一般注在半圆里面并且在数字前面加注半径符号"_____"。

9. 标注坡度时，用箭头指向下坡方向，坡度较小时用百分比表示，坡度较大时用_____或者角度表示。

10. 铅笔的铅芯软、硬分别用字母_____和_____表示。

◆ 三、技能训练

1. 汉字练习。

建筑工程制图装饰室内设计造价技术

比例尺度民用房屋东南西北方立面剖

给排水道路桥梁章序号大样水泥砂浆

2. 数字、英文字母练习。

1　　　　2
3　　　　4
5　　　　6
7　　　　8
9　　　　0

ABCDEFGHI JKLM

NOPQRSTUVWXYZ

abdefghkmpquv

3. 如图 4-1、图 4-2 所示，补齐尺寸标注，并注写尺寸数字（数值从图中量取，取整数）。

（1）

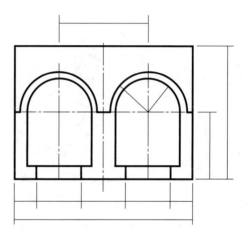

图 4-1

（2）

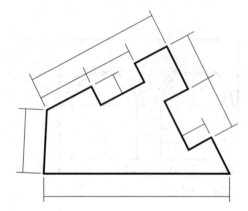

图 4-2

模块二
建筑施工图识读

 知识目标

1. 掌握建筑的组成及建筑施工图的分类。
2. 掌握建筑总平面图的识读方法。
3. 掌握建筑平面图的识读方法。
4. 掌握建筑立面图和建筑剖面图的识读方法。
5. 掌握建筑详图的识读方法。

 能力目标

1. 学会建筑总平面图、平面图、立面图图示内容及识读方法。
2. 学会建筑剖面图以及建筑详图的图示内容及识读方法。
3. 学会建筑平面图、立面图、剖面图以及建筑详图的正确绘制。

教学单元五　建筑施工图

◆ 一、复习思考题

1. 什么是建筑面积？什么是建筑占地面积？

2. 首层平面图在表达内容上和中间层建筑平面图有哪些不同？

3. 什么是层高和净高？层高和净高的关系是什么？

4. 建筑剖面图的数量是根据什么来确定的？

5. 什么是楼梯详图？楼梯详图是怎样形成的？楼梯详图一般包括哪些基本内容？

◆ 二、填空题

1. 建筑施工图按照施工图的专业或工种来分，一般可分为建筑施工图、_____以及_____三类。

2. 建筑施工图中，关于建筑图纸中的一些通用做法和规定作统一说明，一般放在_____图纸中。

3. 建筑平面图中的剖切符号、指北针等一般绘制在_____层平面图中。

4. 建筑物的开间指的是_____的距离；进深指的是_____的距离。

5. 施工图中从_____可得知详图在图纸中的位置。

6. 室外散水应在_____层平面图中画出。

7. 建筑外墙装饰材料和做法一般在_____图上表示。

8. 总平面图中，高层建筑宜在图形内右上角以_____或_____表示建筑物层数。

9. 有一栋房屋在图上量得长度为 50cm，用的是 1∶100 比例，其实际长度是_____m。

10. 主要表明建筑物的外部形状、内部布置、装饰等的是_____施工图。

◆ 三、基础能力训练

1. 识读图 5-1 中的总平面图,表述正确的一项为(　　)。
   A. 共计 6 个新建建筑物
   B. 共计 4 个新建建筑物
   C. 库房为新建建筑物
   D. 1#宿舍楼为新建建筑物

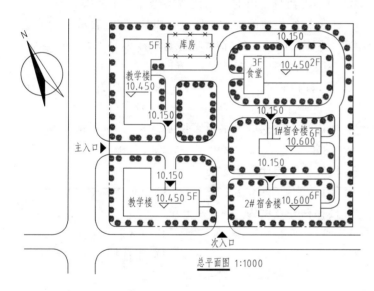

图 5-1　某总平面图

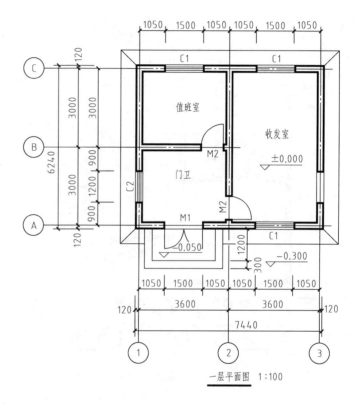

图 5-2　某建筑平面图

2. 识读图 5-2 中的建筑平面图,该建筑物室内外高差为(　　)。
   A. 0.050m   B. 0.250m
   C. 0.300m   D. 0.350m

3. 识读图 5-2 中的建筑平面图,该建筑收发室开间为(　　)。
   A. 3600mm   B. 3000mm
   C. 6240mm   D. 7440mm

4. 识读图 5-3 中的平面图与详图，按照图中所示，台阶处绘制的索引符号正确的一项为（   ）。

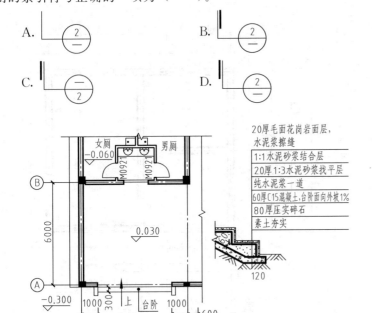

图 5-3 某平面图与详图

◆ 四、工程实战训练

案例一：识读×××职业技术学院建筑施工图图 5-4～图 5-14，完成第一部分与第二部分练习。

（一）第一部分　建筑工程施工图识读

识读图 5-4～图 5-14 工程图纸，完成以下单项选择题。

1. 本工程的南立面为（   ）。
A. ①～⑦轴立面　　　　　　B. ⑦～①轴立面
C. Ⓐ～Ⓔ轴立面　　　　　　D. Ⓓ～Ⓐ轴立面
2. 本工程的墙体厚度为（   ）mm。
A. 200　　　B. 240　　　C. 300　　　D. 120
3. 下列关于轴线设置的说法不正确的是（   ）。
A. 拉丁字母的 I、O、Z 不得用作轴线编号
B. 当字母数量不够时可增用双字母加数字注脚
C. 1 号轴线之前的附加轴线的分母应以 01 表示
D. 通用详图中的定位轴线应注写轴线编号
4. 一层平面图中 M-1 的开启方向为（   ）。
A. 单扇内开　　　　　　　　B. 双扇内开
C. 单扇外开　　　　　　　　D. 双扇外开
5. 楼梯第 1 跑梯段水平投影长度为（   ）mm。
A. 2800　　　B. 2600　　　C. 2700　　　D. 2750
6. 楼梯第 1 跑梯段步数为（   ）。
A. 10　　　B. 8　　　C. 11　　　D. 9
7. 楼梯梯井宽度为（   ）mm。
A. 120　　　　　　　　　　B. 1300
C. 160　　　　　　　　　　D. 未注明
8. 三层窗台标高为（   ）m。
A. 6.9　　　B. 3.9　　　C. 6.0　　　D. 8.4
10. 入口处台阶每步踢面高度为（   ）mm。
A. 140　　　B. 150　　　C. 300　　　D. 250
11. 本工程一层层高为（   ）m。
A. 3　　　B. 6　　　C. 7　　　D. 9
12. 本工程建筑高度为（   ）m［按《建筑设计防火规范》

(2018 年版) 要求确定]。
A. 9.0　　　B. 9.3　　　C. 10.3　　　D. 10.6
13. 本工程二层盥洗室楼面建筑标高为（　　）m。
A. 3.000　　　　　　　B. 未注明
C. 4.200　　　　　　　D. 2.970
14. 本工程二层盥洗室楼面建筑标高为（　　）m。
A. 3.000　　　B. 未注明　　　C. 4.200　　　D. 2.970
15. 本工程有关屋面做法正确的是（　　）。
A. 结构找坡　　　　　　B. 未找坡
C. 屋面排水坡度 3%　　　D. 屋面排水坡度 2%
16. 本工程三层平面卫生间窗户洞口尺寸为（　　）（单位：mm）。
A. 宽 1800、高 1500　　　B. 宽 1500、高 1500
C. 宽 1200、高 1500　　　D. 宽 2100、高 1500
17. 楼梯间内栏杆高度有（　　）mm（护窗栏杆除外）。
A. 900　　　　　　　B. 1050
C. 900、1050　　　　D. 以上均不正确
18. 下列说法不正确的是（　　）。
A. 建筑总平面图中应标明绝对标高
B. 剖切符号应绘制在顶层平面图
C. 指北针应画在首层平面图
D. 构造详图比例一般为 1∶100
19. 本工程南入口处的门为（　　）。
A. 铝合金门　　　　　　B. 塑钢门
C. 木门　　　　　　　　D. 防火门
20. 图中所绘的乙 FM 的开启方向为（　　）。
A. 单扇内开　　　　　　B. 双扇内开
C. 单扇外开　　　　　　D. 双扇外开

21. 本工程外立面实墙的主要装饰材料是（　　）。
A. 涂料　　　　　　　　B. 面砖
C. 花岗岩　　　　　　　D. 玻璃幕墙
22. 本工程主屋面女儿墙高度为（　　）mm。
A. 2100　　　B. 1300　　　C. 3400　　　D. 600
23. 本工程楼梯间屋面女儿墙高度为（　　）mm。
A. 2100　　　B. 1300　　　C. 3400　　　D. 600
24. 楼梯第 1 跑梯段级数为（　　）。
A. 8　　　B. 9　　　C. 10　　　D. 11
25. 本工程散水宽度为（　　）mm。
A. 100　　　B. 600　　　C. 900　　　D. 1000
26. 本工程室内外高差为（　　）mm。
A. 450　　　B. 900　　　C. 600　　　D. 300
27. 本工程屋顶构造中屋面保温层的厚度为（　　）mm。
A. 40　　　B. 4　　　C. 20　　　D. 50
28. 本工程屋顶构造中防水层的做法是（　　）。
A. 卷材　　　　　　　　B. 涂膜
C. 防水砂浆　　　　　　D. 细石防水混凝土
29. 本工程中以下说法错误的是（　　）。
A. 楼板承重结构采用的是钢筋混凝土
B. 建施图中屋面标高为结构面标高
C. 屋面采用有组织排水
D. 门均为实木门
30. 本工程楼梯的梯段宽度是（　　）mm。
A. 3000　　　　　　　B. 1300
C. 2700　　　　　　　D. 4500
31. 墙身大样图中外墙最外侧一层表示的是（　　）。

A. 基层　　　　　　　　B. 保温层
C. 防水层　　　　　　　D. 面层

32. 三层平面图中共有（　　）种类型的门。
A. 1　　　B. 2　　　C. 3　　　D. 4

33. 一层平面图中卫生间外层洞口的尺寸为（　　）（高×宽，单位 mm）
A. 2500×1500　　　　　B. 2500×2250
C. 2500×2500　　　　　D. 1500×1500

34. ①~⑦轴立面中，入口处门顶标高应为（　　）。
A. 3.000m　　　　　　　B. 2.100m
C. 2.600m　　　　　　　D. 4.000m

35. 本工程勒脚部分所采用装饰材料是（　　）。
A. 涂料　　　　　　　　B. 面砖
C. 花岗岩　　　　　　　D. 玻璃幕墙

36. 本工程勒脚高度为（　　）mm。
A. 600　　B. 1300　　C. 900　　D. 1200

37. 本工程屋顶构造所采用的"40 厚挤塑聚苯板"为（　　）。
A. 不燃材料　　　　　　B. 难燃材料
C. 可燃材料　　　　　　D. 易燃材料

38. 本工程外墙涂料采用 10×10 黑色分格缝，其作用是（　　）。
A. 仅仅是为了使得墙面更加美观
B. 减小温度作用，防止墙面开裂产生裂缝
C. 增加强度
D. 增加墙体的保温性能

39. 本工程墙身详图所采用的绘图比例为（　　）。
A. 1∶100　　　　　　　B. 1∶10
C. 1∶20　　　　　　　　D. 1∶25

40. 本工程一层南入口处上方的雨篷的挑出长度为（　　）mm。
A. 2500　　B. 550　　C. 1000　　D. 1200

（二）第二部分　建筑工程施工图绘制

根据以下要求完成相应图纸的绘制。

1. 绘制 A3 横式图框，图幅大小 420mm×297mm，装订边间距为 25mm，其余三边间距为 5mm，标题栏样式如下。

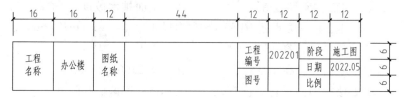

2. 抄绘该工程一层平面图（图 5-5），绘图比例同图中比例，线型、线宽等应符合建筑制图相应标准。

图纸目录

序号	图纸名称	备注
01	图纸目录、门窗表	A3
02	一层平面图	A3
03	二、三层平面图	A3
04	屋顶平面图	A3
05	①~⑦轴立面图	A3
06	⑦~①轴立面图	A3
07	ⒹӠⒶ轴立面图 Ⓐ~Ⓔ轴立面图	A3
08	1—1剖面图	A3
09	楼梯平面详图	A3
10	楼梯剖面详图	A3
11	墙身详图	A3

门窗表

名称	编号	洞口尺寸 宽/mm	洞口尺寸 高/mm	数量	备注
门	M-1	1500	2100	5	木质平开门
门	M-2	1000	2100	20	平开门
门	M-3	800	2100	6	平开门
门	乙FM	1500	2100	1	木质防火门
窗	C-1	1800	1500	17	铝合金推拉窗(80系列)
窗	C-2	1500	1500	19	铝合金推拉窗(80系列)
窗	C-3	1200	1500	6	铝合金推拉窗(80系列)
窗	C-4	2100	1500	1	铝合金推拉窗(80系列)

图 5-4　图纸目录、门窗表

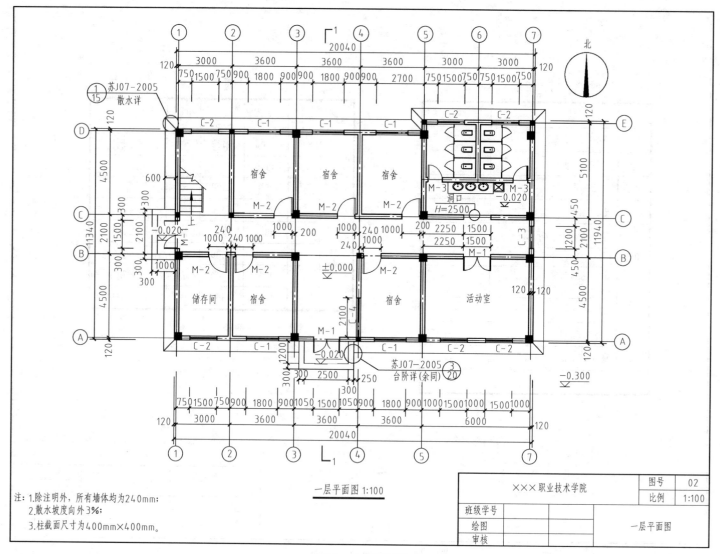

图 5-5 一层平面图

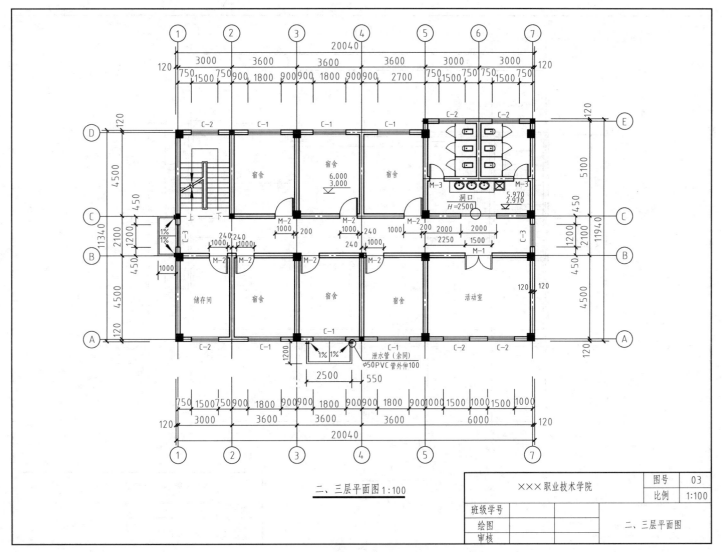

图 5-6 二、三层平面图

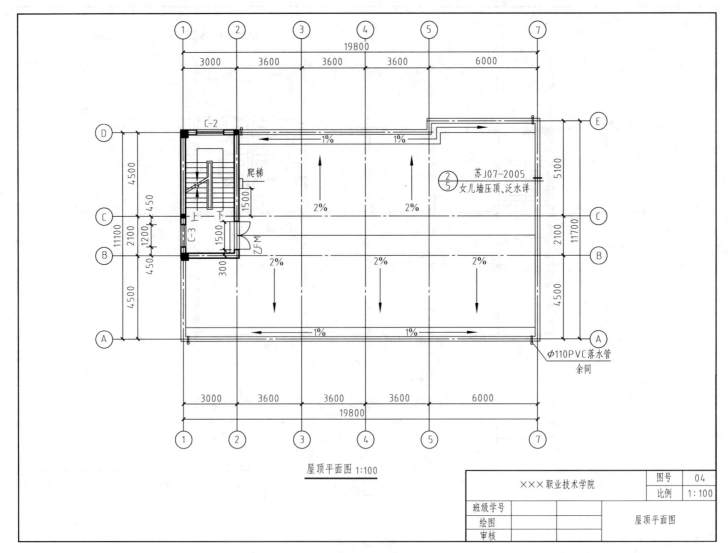

图 5-7 屋顶平面图

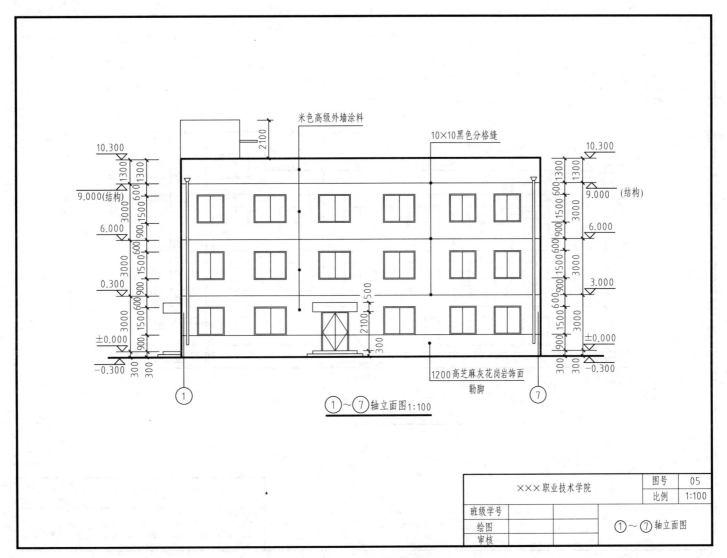

图 5-8 ①～⑦轴立面图

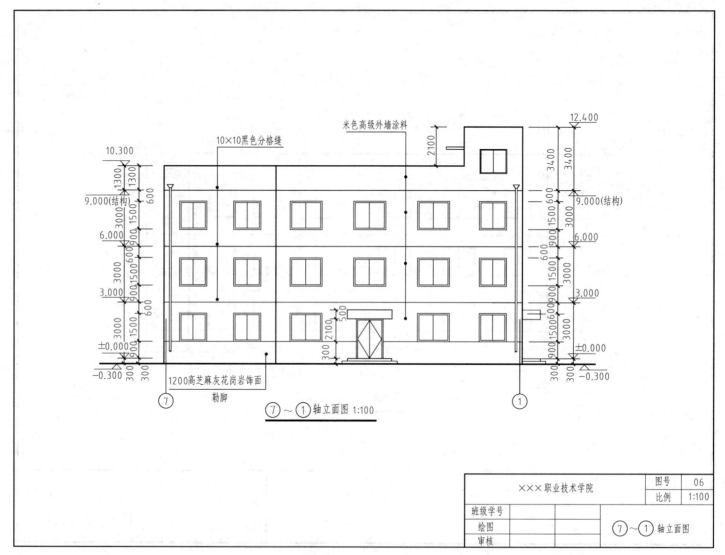

图 5-9 ⑦～①轴立面图

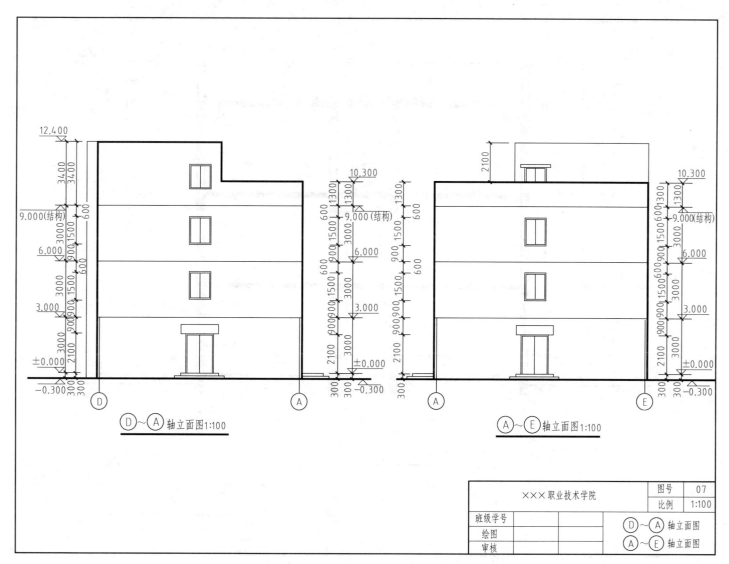

图 5-10　Ⓓ～Ⓐ轴立面图、Ⓐ～Ⓔ轴立面图

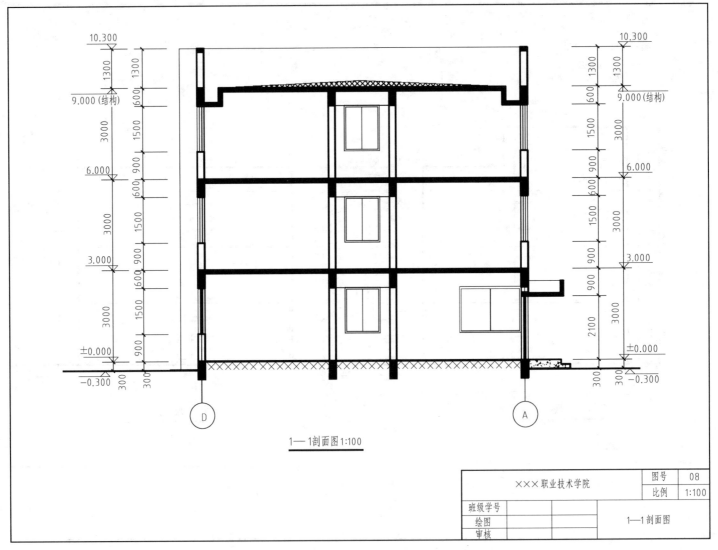

图 5-11　1—1 剖面图

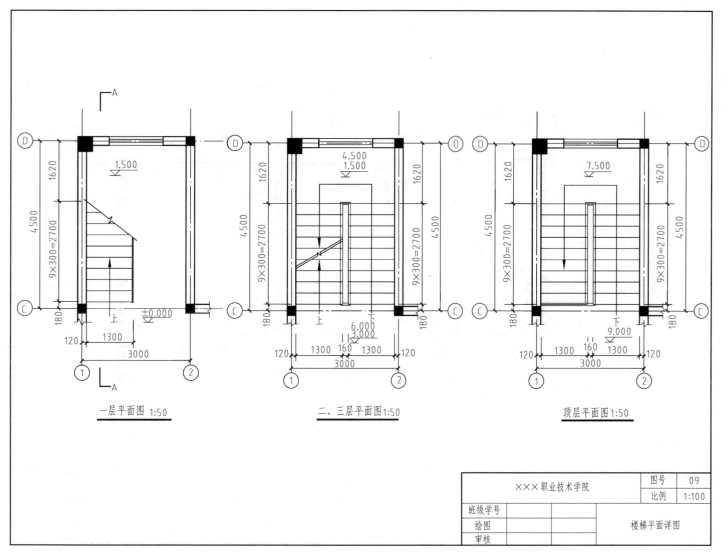

图 5-12 楼梯平面详图

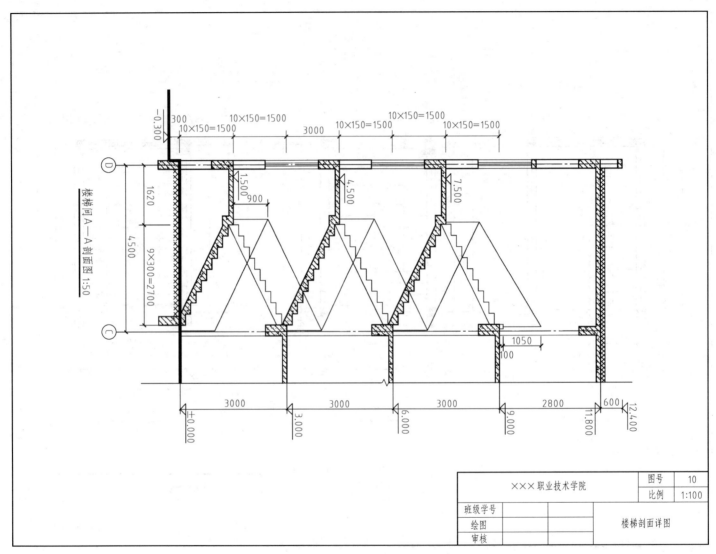

图 5-13 楼梯剖面详图

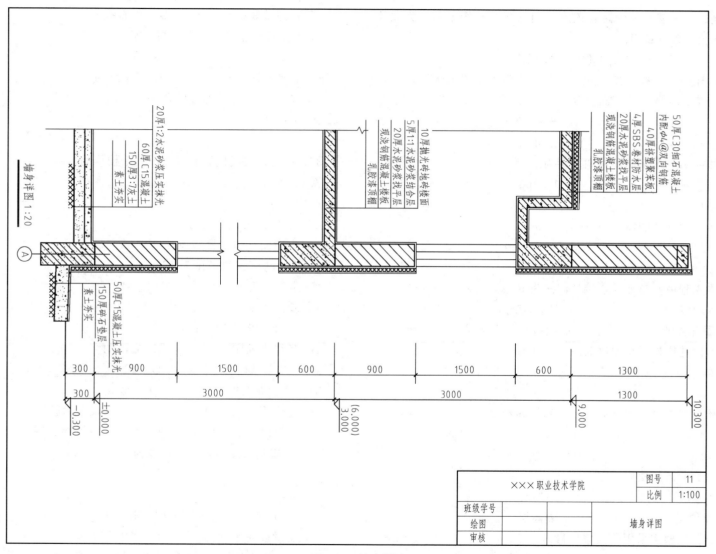

图 5-14 墙身详图

案例二： 识读××学院建筑施工图图 5-15～图 5-27，完成第一部分与第二部分练习。

（一）第一部分　建筑工程施工图识读

识读图 5-15～图 5-27 工程图纸，完成以下单项选择题。

1. 本工程室外地面标高为（　　）m。
   A. －0.100　　　　　　B. －0.150
   C. －0.450　　　　　　D. ±0.000
2. 楼梯 A—A 剖面图绘图比例为（　　）。
   A. 1∶150　　　　　　B. 1∶100
   C. 1∶50　　　　　　　D. 1∶15
3. 本工程外墙的厚度为（　　）mm。
   A. 120　240　　　　　B. 240　360
   C. 200　　　　　　　D. 360
4. 本工程散水与墙面连接处做法为（　　）。
   A. 素土夯实　　　　　B. 沥青胶泥嵌缝
   C. 灌混合砂浆　　　　D. 细石混凝土垫层
5. 台阶花岗岩板材厚度为（　　）mm。
   A. 10　　　　　　　　B. 30
   C. 20　　　　　　　　D. 50
6. 楼梯二层至三层共有（　　）级踏步。
   A. 24　　　　　　　　B. 22
   C. 12　　　　　　　　D. 11
7. 屋面面层做法中不包含的是（　　）。
   A. 保温层　　　　　　B. 结构层
   C. 保护层　　　　　　D. 隔离层
8. 本工程檐沟采用的找坡材料为（　　）。
   A. 卷材　　　　　　　B. 浅色反光材料
   C. 水泥砂浆　　　　　D. 细石混凝土
9. 本工程框架柱大小及位置参见（　　）。
   A. 结施　　　　　　　B. 建施
   C. 总平面图　　　　　D. 无法确定
10. 东面入口坡道的坡度是（　　）。
    A. 1∶12　　　　　　B. 1∶10
    C. 1∶15　　　　　　D. 1∶20
11. 本工程二层设置有（　　）个楼梯间。
    A. 2　　　　　　　　B. 3
    C. 1　　　　　　　　D. 4
12. 下列说法错误的为（　　）。
    A. 本套图纸包含幕墙设计
    B. 本工程建筑总高度为 12.95m
    C. 本工程无地下室
    D. 屋面雨水管公称直径为 DN100
13. 本工程图纸中不包含（　　）。
    A. 各层平面图　　　　B. 立面图
    C. 节点详图　　　　　D. 基础平面图
14. 关于本工程屋面说法正确的是（　　）。
    A. 屋面为上人屋面　　B. 屋面未设置涂膜防水
    C. 屋面设置了女儿墙　D. 屋面未设置保温层
15. 一层到二层楼梯护栏高度为（　　）mm。
    A. 1100　　　　　　B. 1000
    C. 900　　　　　　　D. 800
16. 本工程无障碍坡道的面层材料为（　　）。
    A. 防滑砖防水地面　　B. 水泥砂浆
    C. 彩色釉面砖　　　　D. 火烧面花岗岩

17. 本工程屋面标高（结构）为（　　）m。
   A. 13.550　　　　　　B. 12.500
   C. 13.100　　　　　　D. 9.900

18. 本工程提供的建施图纸数量（　　）张。
   A. 12　　　　　　　　B. 13
   C. 14　　　　　　　　D. 15

19. 建施05中9号节点详图位于（　　）。
   A. 建施13　　　　　　B. 建施12
   C. 建施11　　　　　　D. 建施10

20. 本工程南侧入户门高为（　　）mm。
   A. 2100　　　　　　　B. 2700
   C. 3100　　　　　　　D. 3150

21. 本工程屋面排水坡度为（　　）mm。
   A. 1%　　　　　　　　B. 2%
   C. 5%　　　　　　　　D. 10%

22. 三层平面中活动室6的洞口高度为（　　）mm。
   A. 2600　　　　　　　B. 2700
   C. 2100　　　　　　　D. 2400

23. 西面入口雨棚板的排水坡度为（　　）。
   A. 3.0%　　　　　　　B. 2.0%
   C. 0.5%　　　　　　　D. 1%

24. 关于楼梯间出屋面出口上方雨棚说法错误的是（　　）。
   A. 雨棚出挑长度为1000mm
   B. 雨棚节点详见建施13
   C. 雨棚未设置滴水
   D. 雨棚板底标高为12.300m

25. 本工程楼梯的梯段长度为（　　）mm。
   A. 3000　　　　　　　B. 1650
   C. 3300　　　　　　　D. 4000

26. 楼梯踏步踢面高度为（　　）mm。
   A. 150　　　　　　　　B. 300
   C. 160　　　　　　　　D. 155

27. 楼梯踏步踏面尺寸为（　　）mm。
   A. 150　　　　　　　　B. 300
   C. 160　　　　　　　　D. 155

28. 本工程楼梯间屋面标高为（　　）m。
   A. 12.500　　　　　　B. 12.950
   C. 13.100　　　　　　D. 13.550

29. 下列关于尺寸的说法错误的为（　　）。
   A. 尺寸以标注为准
   B. 标高单位为m
   C. 平面尺寸单位为mm
   D. 未标注的尺寸可以按比例丈量图纸作为施工依据

30. 定位轴线末端画实心圆，圆的直径为（　　）mm。
   A. 5　　　　　　　　　B. 8~10
   C. 10~12　　　　　　　D. 14~16

31. 本工程一层门类型有（　　）种。
   A. 4　　　　　　　　　B. 5
   C. 6　　　　　　　　　D. 10

32. 楼梯详图中护窗栏杆的高度为（　　）mm。
   A. 1000　　　　　　　B. 900
   C. 1050　　　　　　　D. 1100

33. 本工程二层活动室4开间为（　　）mm。
   A. 6000　　　　　　　B. 2000

C. 3300　　　　　　　　D. 1800

34. 楼梯间地面与本层地面（建筑完成面）的高差为（　　）mm。
A. 0　　　　　　　　　B. 50
C. 30　　　　　　　　　D. 15

35. 楼梯间入口朝向为（　　）。
A. 朝西　　　　　　　　B. 朝东
C. 朝北　　　　　　　　D. 朝南

36. 首层平面图中定位轴线 1/A 表示（　　）。
A. Ⓐ轴线之前附加的第 1 根轴线
B. Ⓐ轴线之后附加的第 1 根轴线
C. ①轴线之前附加的第 A 根轴线
D. ①轴线之后附加的第 A 根轴线

37. 建施 13 的 5 号详图中，二层楼面处悬挑板板面标高（结构）是（　　）m。
A. 3.300　　　　　　　B. 3.270
C. 6.600　　　　　　　D. 6.570

38. 关于门窗工程以下说法错误的是（　　）。
A. 门窗开启方式等可见门窗表
B. 立面表示的门窗尺寸为门窗实际尺寸
C. 门窗五金件应符合国家现行相应标准
D. 门窗数量可见门窗表

39. 楼梯一至二层的休息平台标高为（　　）m。
A. 1.650　　　　　　　B. 4.950
C. 8.250　　　　　　　D. 3.300

40. 下列叙述中不正确的是（　　）。
A. 3%表示长度为 100，高度为 3 的坡度倾斜度

B. 指北针一般画在总平面图和底层平面图上
C. 总平面图中的尺寸单位为毫米，标高尺寸单位为米
D. 总平面图的所有尺寸单位均为米，标注至小数点后二位

（二）第二部分　建筑工程施工图绘制

根据以下要求完成相应施工图的绘制。

1. 抄绘该工程Ⓐ～Ⓓ轴立面图（图 5-22），绘图比例同图中比例，线型、线宽等应符合建筑制图相应标准。

2. 根据所给建筑施工图，绘制 2—2 剖面图，该剖切面位置如一层平面图（图 5-16）所示，该剖切为转折剖，转折的位置同 1—1 剖切面，比例 1：100。

注意：
（1）根据平、立、剖面综合判断，画出正确的剖面图；
（2）需要画出轴线、墙体、轮廓、地面、门窗、尺寸、图名、比例、标高等，结构构件尺寸不做要求。

图纸目录

序号	图纸名称	备注
01	图纸目录 门窗表	A3
02	一层平面图	A3
03	二层平面图	A3
04	三层平面图	A3
05	屋顶平面图 楼梯间平面图	A3
06	①~⑤轴立面图	A3
07	⑤~①轴立面图	A3
08	Ⓐ~Ⓓ轴立面图	A3
09	Ⓓ~Ⓐ轴立面图	A3
10	1—1剖面图	A3
11	楼梯平面详图	A3
12	楼梯剖面详图	A3
13	节点详图	A3

门窗表

名称	编号	洞口尺寸 宽/mm	洞口尺寸 高/mm	数量	备注
门	M-1	1800	2700	1	成品防盗门
门	M-2	1200	2700	1	弹簧门
门	M1027	1000	2700	18	平开木门
门	M0827	800	2700	6	平开木门
门	M1227	1200	2700	2	铝合金推拉门
门	乙FM-1	1500	2100	1	木质防火门
窗	LTC1818	1800	1800	3	铝合金推拉窗(80系列)
窗	LTC1518	1500	1800	2	铝合金推拉窗(80系列)
窗	LTC1522	1500	2200	4	铝合金推拉窗(80系列)
窗	LTC1218	1200	1800	5	铝合金推拉窗(80系列)
窗	LTC1222	1200	2200	8	铝合金推拉窗(80系列)
窗	LTC0918	900	1800	2	铝合金推拉窗(80系列)
窗	LTC0922	900	2200	4	铝合金推拉窗(80系列)
窗	ZC	900	1800	2	铝合金推拉窗(80系列)
窗	LTC-1	1800	2200	4	铝合金推拉窗(八角)
窗	LTC-2	900	10250	1	分格窗

××学院　比例　图号 01
班级学号
绘图
审核
图纸目录 门窗表

图 5-15　图纸目录、门窗表

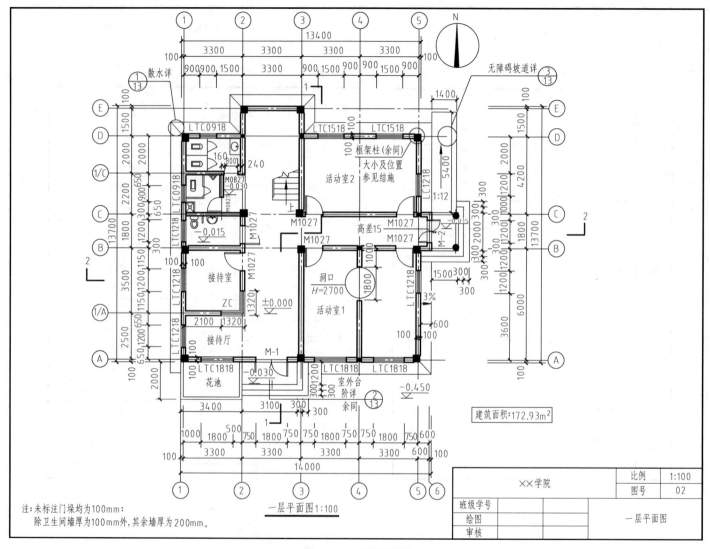

图 5-16 一层平面图

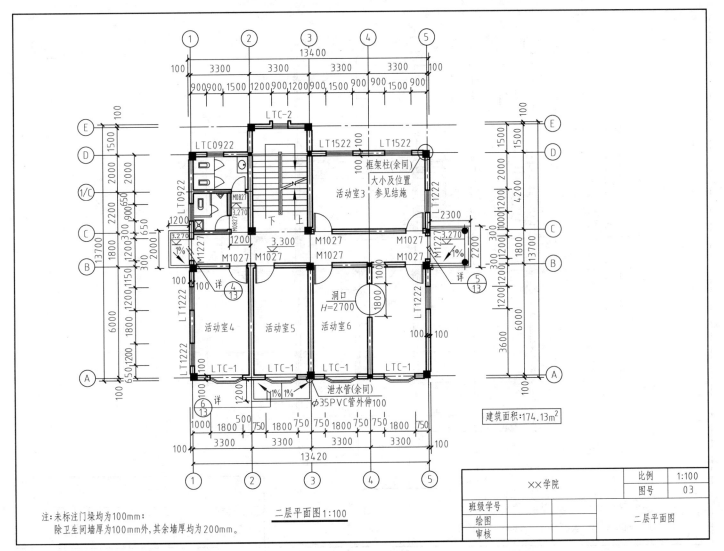

图 5-17 二层平面图

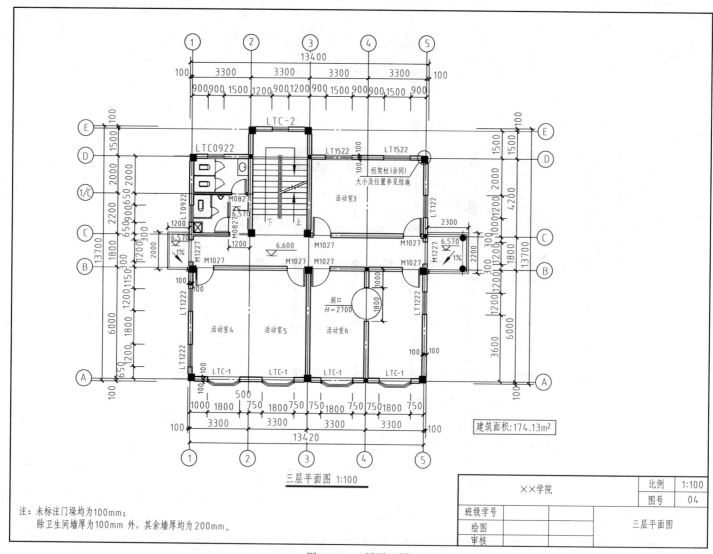

图 5-18 三层平面图

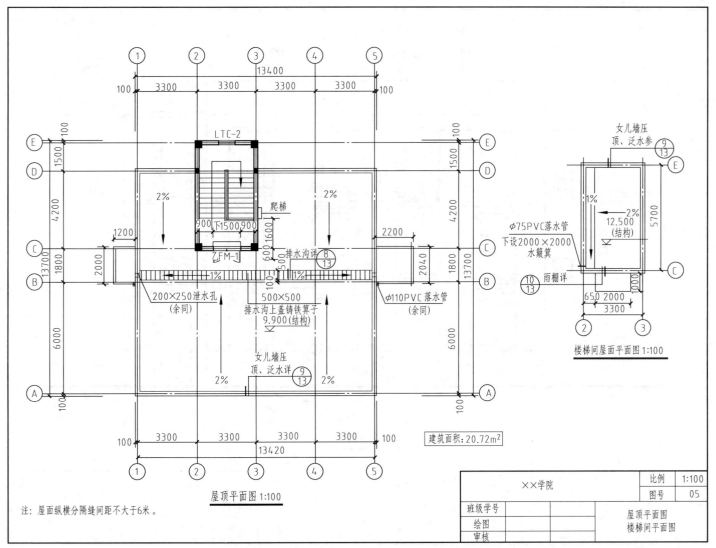

图 5-19 屋顶平面图、楼梯间平面图

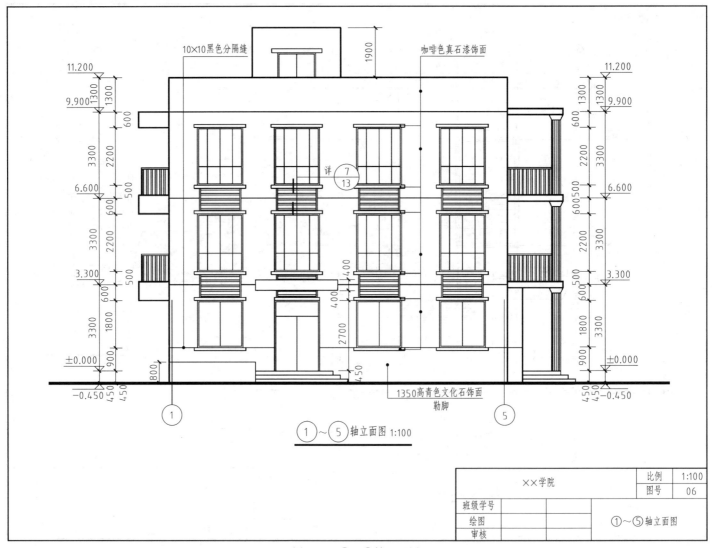

图 5-20 ①～⑤轴立面图

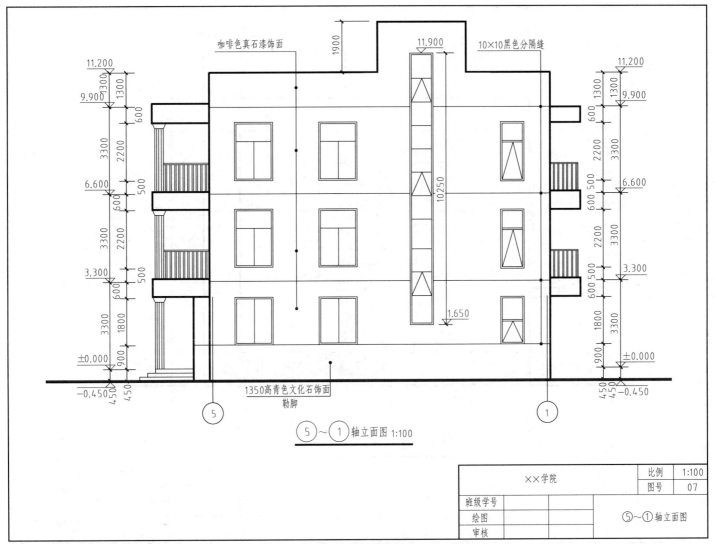

图 5-21 ⑤~①轴立面图

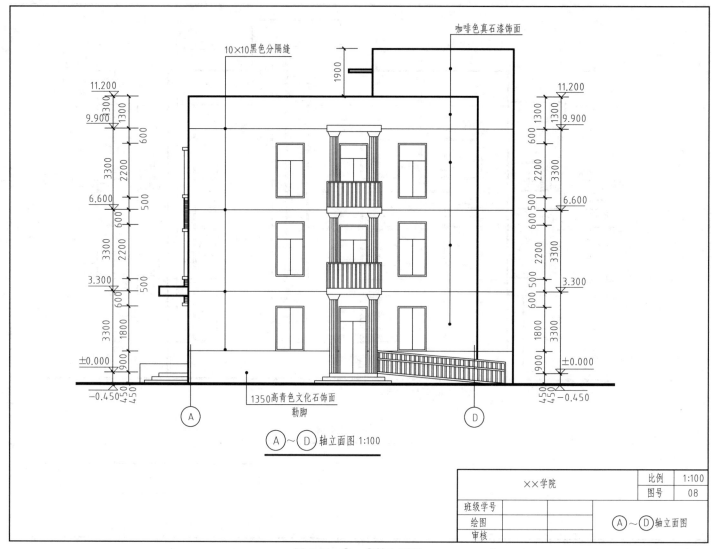

图 5-22　Ⓐ～Ⓓ轴立面图

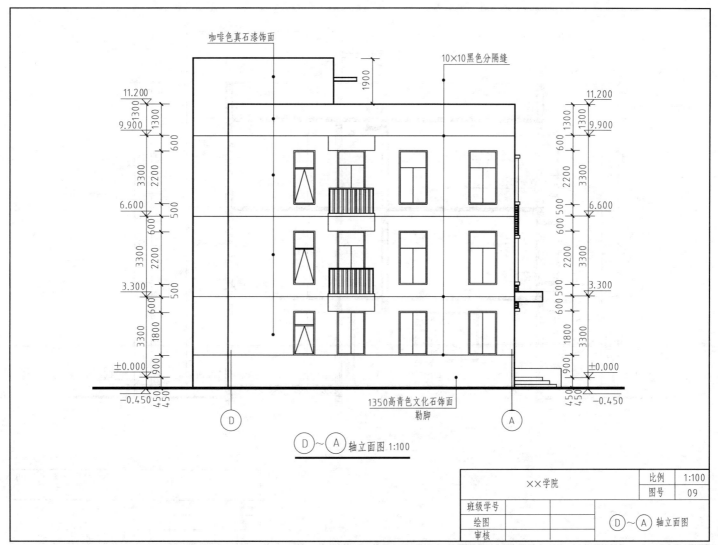

图 5-23 ⓓ～ⓐ轴立面图

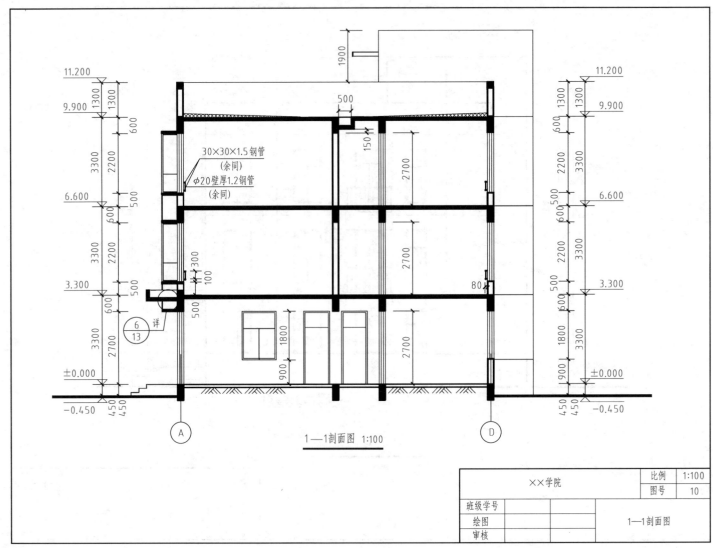

图 5-24 1—1 剖面图

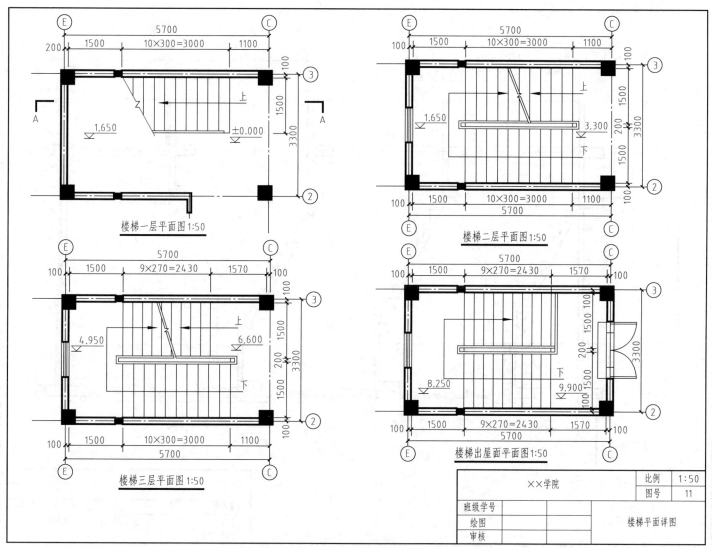

图 5-25 楼梯平面详图

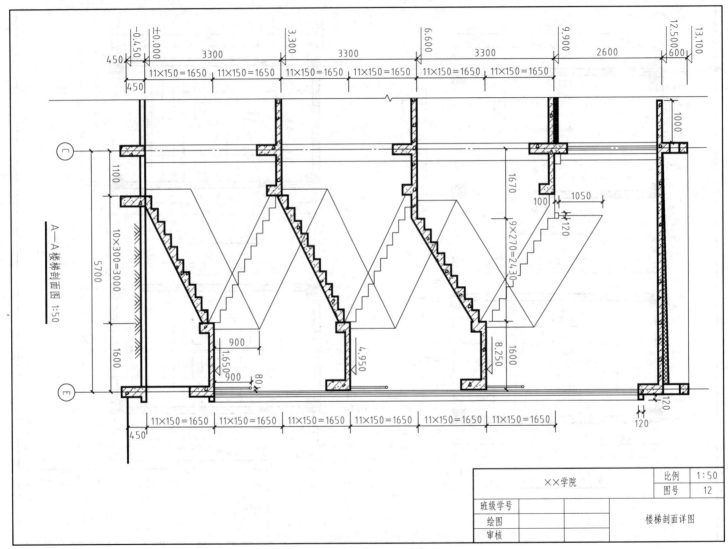

图 5-26 楼梯剖面详图

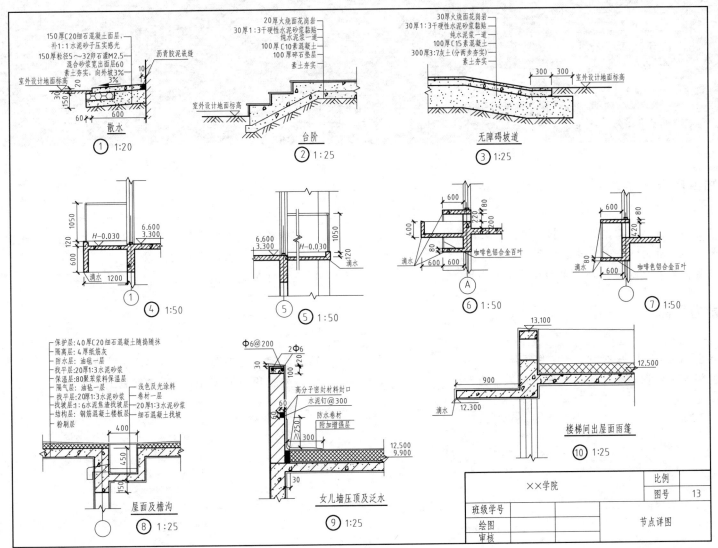

图 5-27 节点详图

模块三
建筑施工图绘制

 知识目标

1. 掌握 AutoCAD 工作界面、基本操作和文件管理。
2. 掌握 AutoCAD 绘图的基础命令和编辑命令。
3. 能够使用绘图命令绘制简单的建筑工程图形。
4. 掌握建筑施工图绘制的内容。
5. 掌握建筑施工图绘制的要求。
6. 理解建筑施工图专业术语的含义和内容。

 能力目标

1. 学会 AutoCAD 基本操作和文件管理。
2. 能够使用绘图命令绘制简单的建筑工程图形。
3. 学会建筑施工图的 AutoCAD 表达方式。
4. 能够使用 AutoCAD 绘制建筑施工图。

教学单元六 AutoCAD 绘图的基础命令

任务 1　AutoCAD 界面与图形管理

◆ 一、填空题与选择题

1. 当丢失了下拉菜单，可以用_____命令重新加载标准菜单。

2. 当图形中只有一个视口时，重生成的功能与_____相同。

3. 目标选择方式中，_____方式可以快速全选绘图区中所有的对象。

4. 通过功能键_____可以进入 AutoCAD 文本窗口。

5. 特性工具栏包括_____、_____和_____特性。

6. AutoCAD 文件菜单工具栏的打开方式是_____。

7. 状态栏命令按钮弹起表示状态栏是_____（打开/关闭）状态。

8. 建立新图形文件的命令行快捷键是_____，使用组合键的方法是_____。

9. AutoCAD 中图形样板文件的扩展名是_____。
A. TEM　　B. DWG　　C. DWK　　D. DWT

10. 第一次启动 AutoCAD 时，屏幕上会显示（　　）。
A. 用户信息表　　　　　　B. 自动新建的图形窗口
C. 用于新建文件的对话框　D. 介绍新功能的对话框

11. SAVE 命令不能完成（　　）。
A. 选择保存图形的文件夹　B. 保存当前所有打开的图形
C. 保存当前图形　　　　　D. 更名保存图形

◆ 二、技能训练

新建一个 AutoCAD 文件，将文件命名为"任务 1"保存至电脑，要求掌握运行 AutoCAD 软件的方法和创建、保存、命名新文件的方法。

任务 2　绘 图 基 础

◆ 一、填空题与选择题

1. _____是最常用的调取操作命令的方式。

2. 工程数据的输入有_____、_____、_____和_____几种方式。

3. 重新执行上一个命令的最快方法是（　　）。
A. 按 Enter 键　B. 按空格键　C. 按 Esc 键　D. 按 F1 键

4. 取消命令执行的键是（　　）。
A. 按 Enter 键　　　　　　B. 按 Esc 键

C. 按鼠标右键　　　　　　　D. 按 F1 键

5. 按比例改变图形实际大小的命令是（　　）。

A. offset　　B. zoom　　C. scale　　D. stretch

6. 可以利用以下（　　）方法来调用命令。

A. 在命令状态行输入命令　　B. 单击工具栏上的按钮

C. 选择下拉菜单中的菜单项　　D. 三者均可

7. 要快速显示整个图形界限范围内的所有图形，可使用（　　）命令。

A. "缩放"（ZOOM）|"对象"（O）

B. "缩放"（ZOOM）|"全部"（A）

C. "缩放"（ZOOM）|"范围"（E）

D. "缩放"（ZOOM）|"窗口"（W）

8. 下列操作不能用于屏幕放大或缩小显示图形的是（　　）。

A. 转动鼠标滚轮　　　　　　B. 使用状态栏中的工具

C. 执行 ZOOM 命令　　　　　D. 移动十字光标

◆ 二、技能训练

打开图 5-4 图形，使用命令行或鼠标操作实现图形的调用、图形实际大小的更改，取消命令、缩放命令的练习。

任务 3　绘图环境设置

◆ 一、填空题与选择题

1. 命令行调用图形界限命令需要输入＿＿＿＿＿＿＿＿。

2. 建筑施工图设置绘图单位的精度为＿＿＿＿＿＿＿＿。

3. 在 AutoCAD 中以下有关图层锁定的描述，错误的是（　　）。

A. 在锁定图层上的对象仍然可见

B. 在锁定图层上的对象不可打印

C. 在锁定图层上的对象不能被编辑

D. 锁定图层可以防止对图形的意外修改

4. 下面（　　）的名称不能被修改或删除。

A. 未命名的层　　　　　　B. 标准层

C. 0 层　　　　　　　　　D. 缺失的层

5. 在同一图形中，各图层具有相同的（　　），用户可以对位于不同图层上的对象同时进行编辑操作。

A. 绘图界限　　　　　　　B. 显示时缩放倍数

C. 属性　　　　　　　　　D. 坐标系

6. 在 AutoCAD 中要始终保持物体的颜色与图层的颜色一致，物体的颜色应设置为（　　）。

A. 按图层　　B. 图层锁定　　C. 按颜色　　D. 按红色

7. 在 AutoCAD 中图层上的对象不可以被编辑或删除，但在屏幕上还是可见的，而且可以被捕捉到，则该图层被（　　）。

A. 冻结　　　B. 锁定　　　C. 打开　　　D. 未设置

8. 轴线图层应将线型加载为（　　）。

A. Hidden　　B. Center　　C. Continuous　　D. 不固定

9. 为了在以后的绘图操作中使用图层、线型等设置，应当（　　）。

A. 创建一个样板文件　　　　B. 创建一个宏

C. 执行保存图形的操作　　　D. 执行保存设置的操作

10. 图层管理器的作用是（　　）。

A. 设置绘图区域的颜色　　　B. 设置图形窗口的颜色

C. 设置图形的线条特性　　　D. 创建与设置图层

◆ 二、技能训练

1. 按照表 6-1 规定设置图层及线型。

表 6-1

图层名称	颜色	颜色号	线型	线宽/mm
粗实线	白	7	Continuous	0.6
中实线	蓝	5	Continuous	0.3
细实线	绿	3	Continuous	0.15
虚线	黄	2	Dashed	0.3
点划线	红	1	Center	0.15

2. 设置 A3 图幅绘图环境。

（1）设置绘图区域。长度类型为"小数"；精度为"0"；角度类型为"十进制"，如图 6-1 所示。

图 6-1

(2) 设置图层如图 6-2 所示。

图 6-2

(3) 设置文字样式、标注样式如表 6-2 所示。

表 6-2

文字样式名	打印字高/mm	宽度因子	字体
图内文字	3.5	0.7	宋体
图名	5	0.7	宋体
尺寸文字	3.5	0.7	宋体
轴号文字	5	1	宋体

任务 4　图形绘制与编辑

1. 练习直线命令的操作，绘制如图 6-3 所示三角形，不标注尺寸。

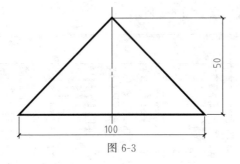

图 6-3

2. 练习绘图命令的操作方式及命令的结束、重复和撤销。
（1）使用命令窗口绘制半径为 100mm 的圆。
（2）使用菜单方式绘制半径为 90mm 的圆。
（3）使用快捷方式绘制半径为 80mm 的圆。
（4）使用绘图工具栏绘制半径为 70mm 的圆。
（5）使用面板窗口绘制半径为 60mm 的圆。
（6）重复执行命令绘制半径为 50mm 的圆。
（7）撤销以上绘制的 6 个圆。

3. 练习正多边形、直线、修剪命令的操作，按步骤绘制如图 6-4 所示的图形。

图 6-4

4. 打开正交模式，通过输入线段长度绘制如图 6-5 所示图形，不标注尺寸。

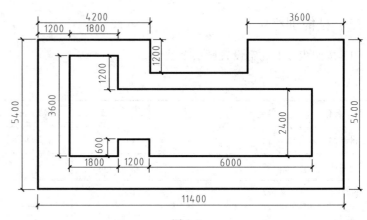

图 6-5

5. 用 AutoCAD 基础命令绘制如图 6-6 所示图形，不标注尺寸。

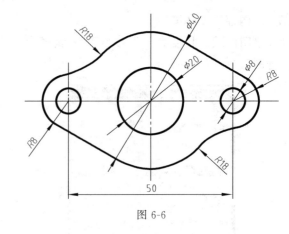

图 6-6

6. 用 AutoCAD 基础命令绘制如图 6-7 所示图形，不标注尺寸。
7. 使用圆命令绘制图 6-8 所示图形，不标注尺寸。
8. 使用直线、圆等命令绘制如图 6-9 所示图形，不标注尺寸。

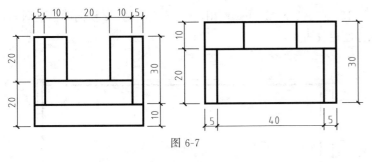

图 6-7

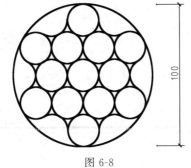

图 6-8

9. 使用矩形、正多边形、圆等命令绘制如图 6-10 所示图形，不标注尺寸。

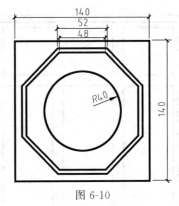

图 6-10

10. 使用基础命令绘制如图 6-11 所示的门，不标注尺寸。

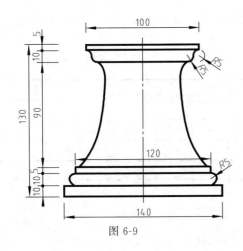

图 6-9

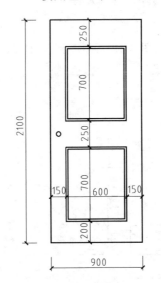 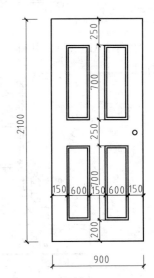

图 6-11

11. 用 AutoCAD 基础命令绘制如图 6-12 所示窗立面图，不标注尺寸。

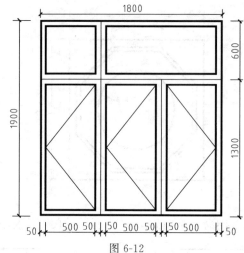

图 6-12

12. 用 AutoCAD 基础命令绘制如图 6-13 所示条形基础详图，不标注尺寸。

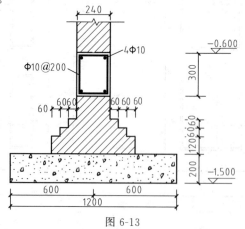

图 6-13

13. 在 AutoCAD 中，使用 1∶1 比例绘制 A2 横向图框（图 6-14）和标题栏（图 6-15）。

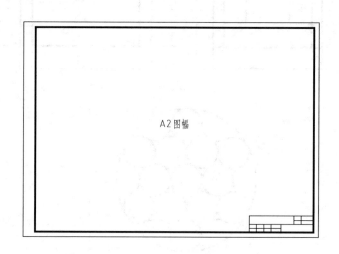

图 6-14

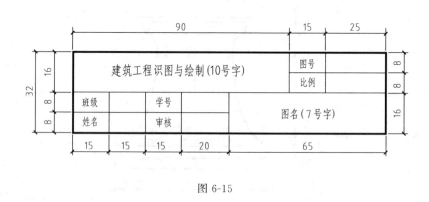

图 6-15

任务 5 文字及尺寸标注

1. 在已有建筑图形中插入表格并书写文字，建立如表 6-3 所示门窗表。

表 6-3 门窗表

名称	编号	洞口尺寸		数量	备注
		宽/mm	高/mm		
门	M-1	1500	2100	5	木质平开门
	M-2	1000	2100	20	平开门
	M-3	800	2100	6	平开门
	乙 FM	1500	2100	1	木质防火门
窗	C-1	1800	1500	17	铝合金推拉窗(80 系列)
	C-2	1500	1500	19	铝合金推拉窗(80 系列)
	C-3	1200	1500	6	铝合金推拉窗(80 系列)
	C-4	2100	1500	1	铝合金推拉窗(80 系列)

2. 在已有平面图（图 6-16）上进行文字标注和尺寸标注。标注后如图 6-17 所示。

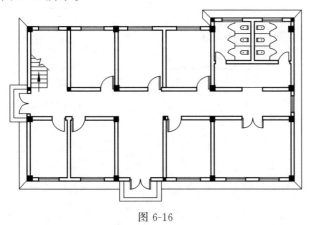

图 6-16

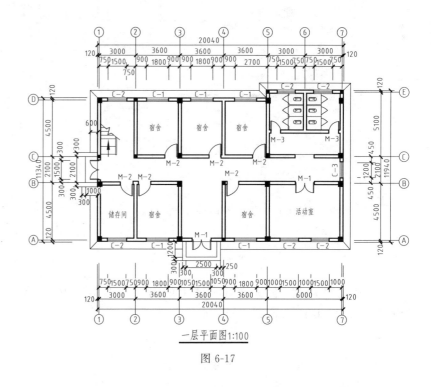

图 6-17

任务 6 图形输出

1. 根据学习内容，完成对图形文件进行页面设置并输出为 JPG 图形文件，图纸大小为 420mm×297mm。操作指导步骤如下：

① 打开"一层平面图.dwg"的图形文件。

② 单击"文件"选项卡中"页面设置管理器"工具，新建一个页面设置，并命名为"图形输出 PDF"，如图 6-18 所示。

图 6-18

③ 在"打印机/绘图仪"区域中的名称下拉列表中选择"Publish ToWeb JPG.pc3",如图 6-19 所示。

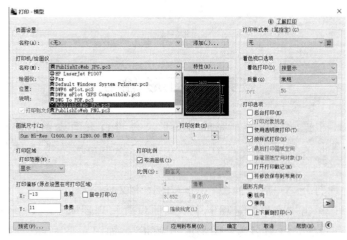

图 6-19

④ 单击"打印机/绘图仪"中"特性"按钮,在"绘图仪配置编辑器"中,单击选择"自定义图纸尺寸",如图 6-20 所示。

图 6-20

⑤ 系统弹出如图 6-21 所示的"自定义图纸尺寸"对话框,完

图 6-21

成左侧的 6 个步骤，有三角图标的是当前步骤。

⑥ 完成以上设置后，回到页面设置对话框，选择设置好的"用户 1（420mm×297mm）"。在"打印范围"下拉列表中单击"窗口"选项，在绘图区框选要打印的范围，选择居中打印。

⑦ 输出文件，完成图形文件输出，如图 6-22 所示。

图 6-22

教学单元七　建筑施工图 AutoCAD 绘制

任务 1　建筑平面图 AutoCAD 绘制

◆ 一、实训目的与要求

1. 掌握建筑平面图绘制操作步骤。
2. 掌握建筑平面图细部绘制步骤。
3. 掌握建筑平面图 AutoCAD 绘图命令与技巧。

◆ 二、实训步骤

1. 设置绘图环境、设置图层。
2. 绘制定位轴线。
3. 使用"多线"命令绘制墙体。
4. 编辑多线墙体，绘制门窗洞口。
5. 使用"多线"命令绘制门窗。
6. 绘制柱子并填充。
7. 绘制楼梯、台阶和散水。
8. 尺寸标注和文字标准。
9. 绘制轴号并按顺序编辑。
10. 添加剖断及剖切符号。

◆ 三、实训项目

在 AutoCAD 中，绘制办公楼各层建筑平面图（图 5-16～图 5-19）。

任务 2　建筑立面图 AutoCAD 绘制

◆ 一、实训目的与要求

通过实训，熟练掌握运用 AutoCAD 绘制建筑的立面图。

◆ 二、实训步骤

1. 设置绘图环境、设置图层、其他设置。
2. 绘制轴线。
3. 绘制地坪线。
4. 绘制层高线。
5. 绘制立面门窗。
6. 绘制各层立面图。
7. 绘制女儿墙。
8. 尺寸标注和标高标注。
9. 书写符号与添加文字说明。

◆ 三、实训项目

在 AutoCAD 中，绘制办公楼各个建筑立面图（图 5-20～图 5-23）。

任务 3　建筑剖面图 AutoCAD 绘制

◆ 一、实训目的与要求

通过实训，熟练掌握运用 AutoCAD 绘制建筑的剖面图。

◆ 二、实训步骤

1. 设置绘图环境、设置图层、其他设置。
2. 绘制轴线。
3. 绘制各层楼板、雨棚和梁。
4. 绘制墙体。
5. 绘制剖切到的门窗。
6. 绘制楼面线。
7. 图案填充。
8. 尺寸标注和标高标注。
9. 书写符号与添加文字说明。

◆ 三、实训项目

在 AutoCAD 中，绘制办公楼建筑剖面图，绘制比例为 1∶100，如图 5-24 所示。

任务 4　楼梯详图 AutoCAD 绘制

◆ 一、实训目的与要求

1. 能够运用直线多线等命令绘制建筑楼梯平面详图和剖面详图。
2. 能够使用填充命令进行建筑图例的填充。
3. 熟练使用文字标注和尺寸标注。

◆ 二、实训步骤

（一）建筑楼梯平面详图绘制步骤

1. 设置绘图环境、设置图层、其他设置。
2. 绘制定位轴线。
3. 绘制墙体和柱子。
4. 绘制平面上的门窗。
5. 绘制楼层平台、转角平台和各层楼梯段。
6. 平面详图尺寸标注与标高标注。
7. 书写符号与添加文字说明。

（二）建筑楼梯剖面详图绘制步骤

1. 设置绘图环境、设置图层、其他设置。
2. 绘制定位轴线。
3. 绘制各层楼板、雨棚和梁。
4. 绘制墙体。
5. 绘制剖切到的门窗。
6. 绘制楼面线。
7. 砖墙、钢筋混凝土、素土夯实等图案填充。
8. 尺寸标注和标高标注。
9. 书写图名与添加墙身构造文字说明。

◆ 三、实训项目

在 AutoCAD 中，绘制办公楼楼梯平面与剖面详图，绘制比例如图 5-25、图 5-26 所示。

《建筑工程识图与绘制》综合模拟题（一）

Ⅰ. 识图部分（共1大题，共50分）

◆ 一、识图填空题（识读某一层平面图并填空，每空2分，共50分）

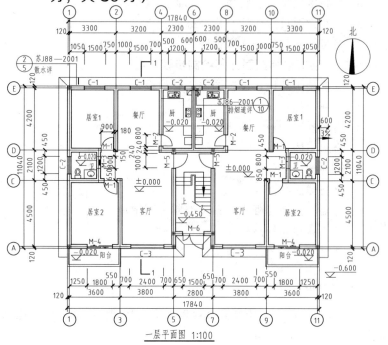

一层平面图 1:100

1. 从图中可以看出，一层平面图是按_____比例来绘制的，图中表示建筑物方位的符号为_____，从该方位符号可以判断建筑物坐_____朝_____。

2. 一层平面图中，位于建筑外墙四周的细实线表示建筑散水，其宽度为_____mm，排水坡度为_____。

3. 从户外进入建筑物内部需要经过双扇母子门_____，图中该门的洞口宽度为_____mm；从标高为－0.450处的室内地面到±0.000处的地面设_____踏步。

4. 从图中可以看出，建筑物的总长为_____m，建筑物的总宽为_____m。

5. 从图中可以看出，厨房、卫生间等有水房间的地面比无水房间的地面低_____mm，居室2的开间为_____m、进深为_____m。

6. 平面图中有两个用于索引剖面详图的_____符号，其中散水构造做法采用标准图集_____，散水详图位于标准图集中第_____页的第_____个图形。

7. 图中门M-3的洞口宽度为_____mm，窗C-1的洞口宽度为_____mm，剖切符号的编号为_____。

8. 室内外地面高差为_____mm，其中室外设计地面的标高为_____m。

9. 本建筑为一梯_____户，每户设_____个居室。

Ⅱ. 制图部分（共3大题，共50分）

◆ 二、填空题（每空1分，共10分）

1. 若点 A（5，6，7）和点 B（5，9，7），则点 A 和点 B 为_____投影面上的一对重影点，点 A 位于点 B 的_____方。

2. 空间两条直线相交，其同面投影一定_____，且交点的投影满足点的投影规律。

3. 点的水平投影到 OX 轴的距离等于点的侧面投影到_____投影轴的距离，它们都反映了空间点到_____投影面的距离。

4. 在球体表面定点常用的方法为_____，在圆锥体表面定点可以采用_____法或_____法。

5. 某同学采用 1∶50 的绘图比例，所绘工程图形的大小为 20mm，则其所对应工程实物的实际大小为_____mm。

6. 平行正投影的显实性表明，平面在其平行投影面上的投影反映_____。

◆ 三、选择题（每空1分，共10分）

1. 若空间平面的正面投影和侧面投影如图1所示，则可以判定该空间平面为一个____。

    A. 水平面　　　　　　B. 侧垂面

    C. 正垂面　　　　　　D. 侧平面

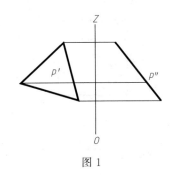

图 1

2. 若两条直线的两面投影图如图2所示，则该两条直线之间的相对位置关系为____。

    A. 相互平行　　　　　B. 相交

    C. 异面直线　　　　　D. 交叉

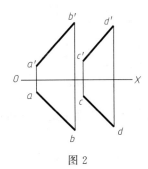

图 2

3. 若直线 AB 的水平投影和正面投影如图3所示，则该空间直线为一条____。

    A. 水平线　　　　　　B. 一般位置直线

    C. 正平线　　　　　　D. 侧垂线

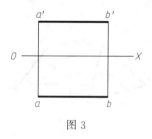

图 3

4. 若空间两点的两面投影图如图 4 所示，则空间点 A 位于点 B 的____方。

A. 左后下 B. 左前下
C. 右后下 D. 右前下

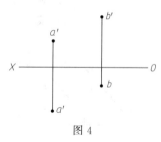

图 4

5. 若空间两个点在 W 投影面上的投影相互重合，则该空间两点坐标正确的是____。

A. （5，6，7）、（7，6，5） B. （3，4，6）、（3，5，6）
C. （5，6，6）、（5，8，6） D. （4，15，16）、（7，15，16）

6. 建筑工程中，断面图可以分为移出断面图、____断面图、重合断面图。

A. 阶梯   B. 局部   C. 中断   D. 旋转

7. 在平面立体表面进行定点，一般采用____。

A. 辅助平面法
B. 纬圆法或素线法
C. 直角三角形法
D. 辅助直线或利用平面本身的积聚性

8. 水平面在 H 投影面上的投影____。

A. 积聚为一条直线   B. 具有显实性
C. 积聚为一个点   D. 反映空间平面的类似形状

9. 对于铅垂面，下列说法正确的是____。

A. 空间平面与 W 面平行，与其他两个投影面相互垂直
B. 空间平面与 V 面垂直，与其他两个投影面相互平行
C. 空间平面与 H 面垂直，与其他两个投影面相互倾斜
D. 空间平面与三个投影面都相互倾斜或平行

10. 如图 5 所示，若圆锥体被截平面 P 所切割，则截交线的形状为____。

A. 与底面平行的纬圆   B. 等腰三角形
C. 椭圆   D. 抛物线

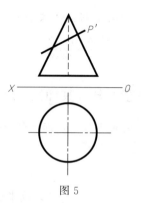

图 5

四、作图题（10分）（要求保留作图图线，无作图图线不得分）

1. 求图6直线 *EF* 与平面 *ABC* 相交的交点，并判断可见性（5分）

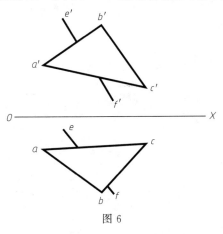

图 6

2. 完成图7形体表面点的三面投影图（5分）

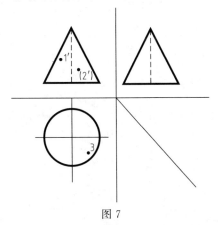

图 7

Ⅲ.绘图部分（共1大题，共20分）

五、CAD作图部分（20分）

1. 绘图环境及打印设置（3分）
（1）新建文件；
（2）设置绘图环境参数；
（3）设置相应图层、文字样式、标注样式。
2. 施工图绘制（12分）
（1）抄绘如图8所示"一层平面图"中的所有内容；
（2）图8中未明确标注的尺寸根据建筑构造常见形式自定；
（3）绘图比例1∶1，出图比例1∶100。
3. 出图打印（3分）
将绘制完成的"一层平面图"布置在 A2 横向图框布局中，设置布局名称为"A2"。
4. 文件保存要求（2分）
将文件命名为"一层平面图"保存至电脑，保存格式为.dwg。

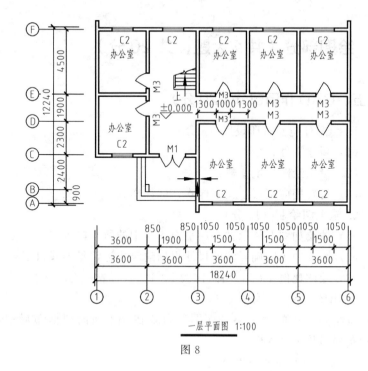

一层平面图 1:100

图 8

《建筑工程识图与绘制》综合模拟题（二）

Ⅰ. 识图绘图部分（共1大题，共50分）

◆ 一、识图填空题（识读某建筑立面图并填空，每空2分，共50分）

1. 从图中可以看出，该立面图是按＿＿＿＿来命名的，其绘图比例为＿＿＿＿，该立面图的名称为＿＿＿＿。
2. 该建筑物共＿＿＿层，其中一层层高为＿＿＿m，二层层高为＿＿＿m，二层地面标高为＿＿＿m。
3. 图中共有＿＿＿种类型的窗，二层窗洞口的高度为＿＿＿mm，窗台的高度为＿＿＿mm，一层门洞口的高度为＿＿＿mm。
4. 从立面图中可以看出，室内外地面的高差为＿＿＿mm，从室外到室内共设＿＿＿台阶，假设每个台阶的高度相同，则每个台阶的高度为＿＿＿mm。
5. 建筑物的总高度为＿＿＿m（室外设计地面至女儿墙顶部的距离），女儿墙的高度为＿＿＿m。
6. 一层门和二层窗之间设建筑构件＿＿＿，该构件的高度为＿＿＿m，图中建筑外墙采用＿＿＿饰面。
7. 图中有两个用于索引剖面详图的＿＿＿符号，制图中该符号一般采用直径为＿＿＿mm的细实线绘制，图中窗台的构造做法采用标准图集＿＿＿，窗台详图位于标准图集＿＿＿页的第＿＿＿个图形。
8. 根据制图标准，立面图中的主要外部轮廓线采用＿＿＿线来表示。

Ⅱ. 制图部分（共3大题，共50分）

◆ 二、填空题（每空1分，共10分）

1. 平行正投影是指投射线相互＿＿＿，且与投影面相互＿＿＿，形体在这种投射线的作用下，所形成的投影图称为形体的正投影图。

2. 某同学采用 1∶100 的绘图比例，绘制工程长度为 3600mm 的建筑物，则其所绘图形大小为_____mm。

3. 两条一般位置直线的水平投影和侧面投影都互相平行，则可以判断该两条直线相互_____。

4. 正平面在 V 面上的投影具有_____性，铅垂线在 H 面上的投影具有_____性。

5. 已知空间点 A 和点 B 的坐标关系为：$X_A=X_B$，$Y_A≠Y_B$，$Z_A=Z_B$，则可以判断空间点 A 和空间点 B 为_____投影面上的一对重影点。

6. 空间两条直线相交，其同面投影一定_____；且交点的投影满足_____的投影规律。

7. 空间直线在侧立投影面上的投影表现为一个点，则可以判断，该直线为一条_____线。

◆ 三、选择题（每空 1 分，共 10 分）

1. 已知空间直线 AB 的两个端点分别为 A（2，3，5）和 B（5，7，6），则该空间直线的指向，正确的是从____。
   A. 左后下到右前上　　　B. 右后上到左前下
   C. 右后下到左前上　　　D. 右前下到左前上

2. 已知点 M 的两面投影 m'、m'' 均在 OZ 轴上，则空间点 M 的 m 投影位于____。
   A. OZ 投影轴上　　　B. OY 投影轴上
   C. OX 投影轴上　　　D. 在投影原点上

3. 圆球体表面上一点，其三面投影皆可见，则该点在球体表面上的位置为____。
   A. 左前下方　　　B. 左前上方
   C. 右前上方　　　D. 右后下方

4. 三面投影图中，侧面投影显示的方向是____。
   A. 上下　　　B. 前后
   C. 上下前后　　　D. 上下左右

5. 若空间两条直线的两面投影图如图 1 所示，则该两条直线之间的相对位置关系为____。
   A. 相互平行　　　B. 相交
   C. 异面直线　　　D. 交叉或平行

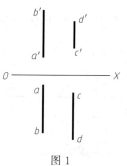

图 1

6. 若空间平面的水平投影和正面投影如图 2 所示，则可以判定该空间平面为一个____。
   A. 水平面　　　B. 侧垂面
   C. 正平面　　　D. 侧平面

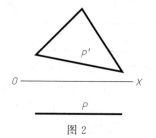

图 2

7. 如图 3 所示空间两个平面的两面投影图，则可以判定该两个平面____。

    A. 平行   B. 相交

    C. 异面或平行   D. 交叉

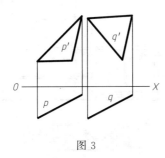

图 3

8. 铅垂线，其水平投影具有____特性。

    A. 显实性   B. 度量性

    C. 集聚性   D. 平行性

9. 求一般位置直线的实长及该直线与正立投影面的倾角需要知道____。

    A. 直线的水平投影和该直线在 X 轴方向的向度差 ΔX；

    B. 直线的正面投影和该直线在 Y 轴方向的向度差 ΔY；

    C. 直线的侧面投影和该直线在 Z 轴方向的向度差 ΔZ；

    D. 直线的水平面投影和该直线在 Z 轴方向的向度差 ΔZ；

10. 如图 4 所示空间点和形体的两面投影图，则可以判断空间点位于形体的____方。

    A. 左前上   B. 右前下

    C. 左后上   D. 右后下

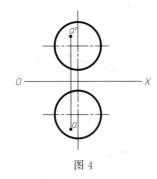

图 4

四、作图题（10 分）（要求保留作图图线，无作图图线不得分）

1. 如图 5 所示，求空间平面 P 与平面 Q 相交的交线，并判断可见性（5 分）

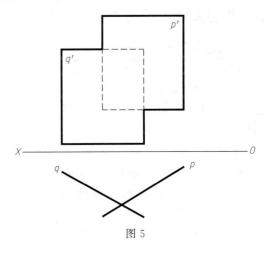

图 5

2. 如图 6 所示，求直线 AB 的实长及直线与 H、V 投影面的

夹角 α、β（5 分）

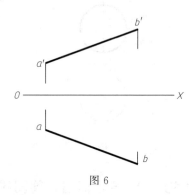

图 6

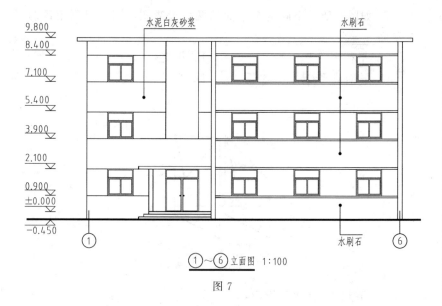

图 7

III．绘图部分（共 1 大题，共 20 分）

◆ 五、CAD 作图部分（20 分）

1．绘图环境及打印设置（3 分）

（1）新建文件；

（2）设置绘图环境参数；

（3）设置相应图层、文字样式、标注样式。

2．施工图绘制（12 分）

（1）抄绘如图 7 所示"①～⑥立面图"中的所有内容；

（2）图中未明确标注的尺寸根据建筑构造常见形式自定；

（3）绘图比例 1∶1，出图比例 1∶100。

3．出图打印（3 分）

将绘制完成的"①～⑥立面图"布置在 A2 横向图框布局中，设置布局名称为"A2"。

4．文件保存要求（2 分）

将文件命名为"①～⑥立面图"保存至电脑，保存格式为 .dwg。

参 考 文 献

[1] 吴学清. 建筑识图与构造. 第3版. 北京：化学工业出版社，2021.
[2] 熊淼. 建筑识图与构造. 长春：吉林大学出版社，2016.
[3] 刘小聪. 建筑构造与识图实训. 北京：机械工业出版社，2015.
[4] 宋安平. 建筑制图. 北京：中国建筑工业出版社，2011.
[5] 蔡小玲. 建筑工程识图与构造实训. 北京：化学工业出版社，2021.
[6] 蔡小玲，孟亮，章志琴. 建筑制图. 北京：化学工业出版社，2021.
[7] GB/T 50103—2010 总图制图标准.
[8] GB/T 50104—2010 建筑制图标准.
[9] GB/T 50001—2010 房屋建筑制图统一标准.
[10] GB/T 50105—2010 建筑结构制图标准.